蔡永洁 许凯 著

再造陆家嘴

REBUILDING LUJIAZUI

同济大学 出版社
TONGJI UNIVERSITY PRESS

上海浦东陆家嘴

写在前面的话

中国的新城建设，往往是在特定的历史时期和需求下，在极短的时间内完成的。新城改造，应该成为一个议题。

这个议题涉及的任务甚至比"旧城更新"更紧迫，因为新城里的问题更多。它最大的问题是，以人为本的空间没有了。我们必须考虑到，新城有一天也会变老，如果不想抛弃它，那么这些问题必须得解决，无论难度有多大。

我们认为，新城里不仅有问题，还有潜力。新城改造，不是在纠正过去的错误——因为历史从来没有错误——而是在面向未来，继续前行。

我们是同济大学的老师和学生，我们是建筑师，我们是一群实验者。

序

  2020 年正值上海浦东开发开放 30 周年，被誉为成就非凡的陆家嘴成为中国新城建设的象征和样板，也成为上海作为全球城市和未来城市的象征。

  20 世纪的中国城市发生了翻天覆地的变化，城市由自给自足型的经济社会逐渐演变为开放型的经济社会，从传统的城市向工业城市和后工业城市过渡，城市的空间结构和产业结构都进行了重组。中国的城镇化无论在速度上还是建设量上，在世界历史上都是令人瞩目的，被评价为"人类历史上规模最大的城市化进程"。

  由于特定的历史时期和需求，新城、新区以城镇化和国际大都市，或者高铁新城的名义快速涌现。这些新城和新区往往偏离原有的城市中心，其规模甚至是原有城市中心的数倍。大部分新城都在短期内建成，往往自成一体，与原来的城市中心几乎没有关系，既是城市，又不具备城市的整体功能。新城更新应该成为一个研究的论题。

  新城以新为荣，追求速度和规模；新城更是速成之城。然而由于缺乏理论的实证指导，缺乏长远的发展理念，新城的中央商务区往往追求形象的标志性，攀升建筑的高度而不是人性化的尺度，忽视了不同地域、不同功能、不同气候条件下城市文化特色的彰显。今天，城市再度成为人们关注的核心，以弥合自然环境和人造环境的对立，实现中国 2010 年上海世博会的理想——"城市，让生活更美好"，以美好的城市实现美好的生活。

蔡永洁博士和许凯博士以及他们的团队对新城改造的探讨展示了城市更新的理论，探讨今天的城市如何改造成为理想的城市。两位博士及其团队自2010年以来就参与了陆家嘴的改造研究，提出了系统性改造的思路，取得了一些成效。这项研究带有鲜明的理想主义色彩，建立在他们长期从事的城市研究的坚实基础之上，具有全球视野。他们的研究指出，新城必然经受历史的考验，必然会不断更新，新城总有一天不再"新"，新城的中央商务区也必然成为城市的组成部分。从"新城"转变为"城市中心区"，是身份的转化，发展策略随之变化，这就是改造新城的基本逻辑。

再度深入讨论陆家嘴，是因为陆家嘴代表了新城的理想，陆家嘴的成功并不在于陆家嘴的城市空间模式，而是在于其带动了黄浦江的滨水空间改造，推动了世博会的举办，推动了城市发展新思想的产生，也推动了上海的城市更新，但是陆家嘴本身仍然存在更新改造的必要。

本书并非重塑陆家嘴30年的历史，而是探索新城中央商务区改造的理论，以陆家嘴为起点，反思我们的"城市梦"，实现"再城市化"。作者主张建立城市细胞和空间结构，建立核心空间，调整城市空间肌理。他们的研究表明，许多这类快速成长的中央商务区，由于开发机制和资金等方面的因素，未能实现原初理想城市的目标。作为上海的中央商务区，陆家嘴早期的建筑品质不够理想，功能单一，周边地区的功能尚未完善，空间结构比较松散，孤岛群的空间结构尚未形成人性化的街道界面，作为卓越的全球城市的中央商务区还有拓展的空间。最初提出的关于地下空间、立体城市和共用管廊的设想也未能实现。

　　实际上，陆家嘴在建设过程中就不断在更新，包括空间的更新和思想观念的更新，调整功能，提升建筑高度，加大开发强度，增加综合服务和居住功能。2004 年就曾经有过陆家嘴二期的规划方案，目的是扩展商务区，调整空间结构和路网结构，提升地区的环境品质。近年来又建造空中连廊，试图解决步行环境缺失问题，便利区域内的通达性，贯通滨江地带，增添文化设施等。

　　作者提出"扩容"和"提质"这两个重要的空间发展目标，扩容是提高开发强度，在现在的陆家嘴之上，再造两个陆家嘴，研究团队看到的是"潜力"，只有提高开发强度，加密空间，才有改造的潜力。提质则是改变城市中心区的郊区空间模式，优化建筑的实体和被实体限定空间的图底关系。

　　《再造陆家嘴》是一部可以媲美许多国际理论经典的著作，书中展示了陆家嘴的理想图景，在既定的城市空间结构基础上探寻如何在微观层面提升空间品质。在复杂的社会、经济条件下，书中提出的方案未免有乌托邦的成分，未必能实现。人们可以不同意作者的一些构想，但是不能否认全书的思想精髓，它启示人们去设想陆家嘴的未来，让人们有理想的空间去设想我们城市的未来。

人类社会与城市就是伴随着对未来城市的理想一起成长的，当代社会的发展已经超越了人们的想象力，我们不可能准确地预言几个世纪之后的城市，我们甚至连一百年以后的城市将是什么样的都很难想象。但是有一点可以肯定，在将来，人们仍然、还将生活在现实的而不是虚拟的城市中。

　　未来城市的生活质量不再像工业社会那样完全取决于物质条件的发展变化，而是更多地取决于城市的文化品质，市民的职业结构和文化背景，市民的环境意识和文化意识，等等。未来城市是以今天的城市作为基础而发展的，未来的生活会发生很大的，甚至是今天无法想象的变化，完全可能出现新的设计、新的空间模式。尤其是城市的结构和空间在一般情况下只会有进步，环境品质和生活质量也会得到优化和完善。城市与建筑的作用会有所扩展，其艺术方面和精神方面的作用将越来越重要。为了未来的城市，我们要从今天的现实城市入手进行建设性的建设，对于未来的城市而言，今天永远比明天更重要。

郑时龄

2021 年 5 月

研究团队

研究主持

蔡永洁 | 教授 博士。毕业于同济大学和德国多特蒙德大学，现任同济大学建筑系主任。研究领域围绕建筑与城市，重点聚焦城市公共空间、城市形态以及当代中国新城空间现象。代表性设计作品"5·12 汶川特大地震纪念馆"参加了米兰艺术三年展（2012），并获亚洲建筑师协会建筑设计奖金奖（2015）、两岸四地建筑设计大奖金奖（香港建筑师学会2017）、WA 建筑成就奖佳作奖（2018）以及年中国建筑学会建筑设计奖（综合类）金奖（2018）、中国勘察协会建筑设计一等奖（2019）。现任全国高等学校建筑类专业教学指导委员会委员、全国高等学校建筑学专业教学指导分委员会副主任委员、中国建筑学会城市设计学术委员会副主任委员、中国建筑学会地下空间分会副理事长、上海市政协委员等职。

许凯 | 副教授 博士。在维也纳工业大学建筑学院获得博士学位，现任教于同济大学建筑与城市规划学院城市设计团队。主要研究领域是城市设计与城市产业空间，"尤根设计"和 Urban Lab 的主要创办者之一，主持（联合）杭州亚运村城市设计等国家级项目，作品曾获得意大利 PLAN AWARD 设计奖。

研究参与人员

张溱　　　　　程宴宁　　　　苏南西　　　　洪逸伦　　　　戴方国

厉浩然　　　　王欣蕊　　　　李昊　　　　　别雨璇　　　　周顺宏　　　　张玉娇

朱任杰　　　　林亦晖　　　　林敏薇　　　　冯羽奇　　　　林思琪　　　　张驰

龙嘉雨　　　　周易　　　　　金刚　　　　　许纯　　　　　张靖　　　　　周锡辉

目录

1 改造"中央商务区"
背景与愿景 ·· 1

2 城市细胞
空间的微观建构 ··· 21

1 改造"中央商务区"
背景与愿景

1.1 "中央商务区"新城的问题

每个时代都有它的"新城"。一个多世纪以前建设的纽约曼哈顿和巴塞罗那新区,都是按照某种"理想城市"的框架建立起来的新城。上海的公共租界和法租界、青岛的中心城区、厦门的百家村,当时又何尝不是"新城"?今天,它们都已经不再"新"了,它们在城市更新过程中日益焕发出活力和魅力,抑或正在挣扎于转型的困境中。不可否认的是,无论今天它们境况如何,这些城区的形式已经和每个人心中的某些记忆长在一起,也成为城市规划里的某种经验,它们中的一些还是我们今天再去规划新城的范本和参照。

本书讨论的中央商务区(Central Business District,CBD),是一种特殊的城区类型,它因金融类产业的聚集而兴起。纽约曼哈顿、芝加哥 LOOP、伦敦金融城和金丝雀码头、巴黎德方斯都是中央商务区的代表。中央商务区可以依托既有的城区发展,也有很多是专门进行规划,再引入金融产业进驻的,后者构成了"新城"里的一种特殊形式。我国中央商务区建设的热潮,以 20 世纪 90 年代末期开始兴建的上海陆家嘴为肇始。近 20 年间,每个直辖市、特区城市和省会城市,都有了自己的中央商务区。这些今天看来还很新的城区(有一些还在建设过程中),往往坐落于离老城中心不远的、成片开发的土地上,通过密集投资和快速建设得以实现。其建设速度之快、影响范围之广,在中国历史上的任何一个时代都找不到相应的参照,在世界上也绝无仅有。

那么,在这个中国城市化最突飞猛进的时代,就中央商务区这个类型的新城而言,除了绝对数量上的增长之外,是不是也会诞生这个时代的典型城市形式,为人类城市的发展作出某种贡献呢?

现在看来,恐怕还不能。

客观地说,除了那些高楼林立的景象往往令人赞叹之外,中国近期建设的中央商务区在很多方面都不那么为人称道，要把它们称为某种城市发展的典型，仍然言之过早。千篇一律的形象，是一个显而易见的问题。令人惊奇的密集而炫耀的高层建筑，宽阔笔直的机动车道路，宽阔的绿化带，以及被置于中心位置的集中的公园，这些都是新城必不可少的配置。置身其中，也许除了那些标志性建筑的屋顶形式之外，并没有什么能告诉你这是在哪里，因为这些城区实在太相像了。如果不是在这里工作的上班族，也不是那些第一次来到这个城市的游客，那么你大概也找不到去这些地方逛逛的理由。除此之外，交通拥堵、城市活力不足、城市活动空间局促且步行环境恶劣，都是突出的问题，为人诟病。

100 年前的上海外滩也曾经是中央商务区和新城区，它今天仍是上海最有魅力的地点之一。纽约曼哈顿作为举世闻名的中央商务区，难道只是一个金融服务区吗？它难道不也是城市商业和文化的聚集地，是市民活动频繁的城区吗？伦敦金融区、芝加哥 LOOP、新加坡的滨海商务区，也都是类似的案例。这说明，所有成功的中央商务区，也应该是健康的"城区"，是车水马龙、热闹非凡的城区，人们在这里工作、娱乐、休闲和居住，金融产业只是它们众多面相中的一副而已。

以这个标准来看，中国近 20 年来那些被快速建造起来的中央商务区仍然只是一些"半成品"。它们既然占据着城市中心的宝贵用地，也作为承载城市经济的重要阵地，就应该成为城市中心区的一个部分，具有城市中心的功能特征和空间特征。由此可见，还有很多问题有待解决，还有很多方面需要得到提升。

上述问题的解决途径，涉及对新城空间结构的结构性调整，调整的幅度之大，绝不是靠所谓的"城市更新"可以实现的，而必然是通过大幅度的"城市改造"来实现。提出这个目标，是在今天这样一个特殊的语境下，即这些城区的空间结构已经基本形成，新的建设已经不多的情况下进行。对于很多人来说，这些城区已经建成了！问题既然已经显现，作为城市设计者，我们还能做什么呢？"城市改造"，是不是可行？这就是中国新城发展的大背景：必须改造，却难以改造，困难重重。

1.2 "中央商务区"的身份

什么是中央商务区？这是一个变化中的概念。在纽约曼哈顿和芝加哥 LOOP，金融产业的高度聚集是一种自发现象，这是中央商务区这个概念的由来。后来的上海外滩这样的城区，也被认为是当时的中央商务区，虽然金融业的自发聚集同样大量存在，很多其他的功能也参与进来，例如大公司的总部、百货公司和公寓住宅。20 世纪 70 年代建设的巴黎德方斯和 80 年代建设的伦敦金丝雀码头，都遇到过办公楼大量闲置的问题，最终落户的行业也并非都是金融业，迄今为止，这两个城区还在努力地朝着容纳更加复合的功能和提供多样的空间方向艰难发展。反倒是伦敦金融区这样的依托老城发展起来的金融城区，凭借其既有的历史氛围、创新环境和综合性功能，成为金融产业青睐的落户地点，正在酝酿着大规模城市更新以提供更多的办公空间。

一个重要的问题是，金融资本是不是一定趋向于地理意义上的集聚？也许曾经是的，但现在这个趋势也是存疑的。有研究表明，在互联网技术的条件下，金融产业不再需要集聚的空间，或者至少不再需要向大城市聚集（典型的例子是各地出现的"基金小镇"，说明一种在大城市群的非中心区地带，适度集中、总体分散的分布方式，也是可以成立的一种金融业的聚集方式）。在这种情况下，已建成的中央商务区里的产业必然呈现多元化发展的趋势。在创新型产业崛起的大背景下，企业的尺度会更小，它们的从业人员对良好的城市氛围、公共空间和丰富的城市服务业以及就近设置的优质公寓住宅，会有很大的需求。产业内容和需求在变化，而已有的功能和空间特征不能适应上述变化，这成为传统中央商务区未来发展的重大挑战。

除此之外，我们还需要思考的是，在中国已知的那么多建设完成或者建设中的"中央商务区"里，有哪些可以真正成为中央商务区？理论上说，金融资本跨国界流动的特征，使得只有少数具有国际影响力和全球化网络中的中心城市才具有成为中央商务区所在地的可能。中国大量的省会城市中的所谓"中央商务区"，并没有成为金融业集聚地的基础条件。这些业已完成规划和建设的"中央商务区"，虽楼宇拔地而起，基础设施全面铺开，却普遍面临着办公楼闲置的问题，一如德方斯和金丝雀码头建设初期的困境。但由于它们所在的城市并不具有巴黎和伦敦那样的在全球经济网络上的重要性，我们也完全不能乐观地认为上述问题可以被时间解决。

出路在何方呢？

我们认为，无论未来是否能成为真正的中央商务区，它们都是在城市中心位置上建设的，高密度、高强度且基础设施支持良好的城区。最近有很多人提出中央活动区（Central Activity Zone，CAZ）的概念，来取代中央商务区。中央活动区是一个城市中各种活动的中心，包含金融业在内的产业，当然也包含其他丰富的活动，如商业、文化、体育和娱乐。这个概念和我们常使用的"城市中心区"没有太大的差异。既然产业的需求已经出现了变化，而作为中央商务区的身份并不能确认，这些城区当然不应该成为城市中心宝贵用地上的活力不足和效率低下的"办公区"，我们有理由认为，它们应该转化为未来的城市中心区，并且具有城市中心区的相应功能和空间特征。与城中已经存在的老的市中心相对而言，它们是新的"核"，具有相似的功能，它们是老的城市中心的空间拓展。

1.3 "扩容"和"提质"

从"中央商务区新城"转变为"城市中心区",是身份的转化。身份转化了,发展策略自然随之变化,这就是我们改造新城的基本逻辑。这带来的是两个重要的空间发展目标:一是"扩容";二是"提质"。

顾名思义,"扩容"意味着在相同的土地上,容纳更多的人口、更密集的功能,当然还有更多的建设开发。这一定让大部分人觉得疑惑:我们的中央商务区都是高楼林立、交通繁忙,难道还需要更多的楼、更多的人和车吗?很多人不知道的是,中国的中央商务区,以陆家嘴为起始,采用的都是"高层低密度"的模式,带来的也是"低强度"。这样的城区发展模式,始终印刻在中国规划者和决策者的脑海中:标志性建筑高耸入云、建筑之间绿化团簇,道路上车辆飞驰,这些似乎成为一种"理想城区"的标准配置了。殊不知,理想的"城市中心区"从来不是这样的。以小陆家嘴[1]为例,每平方千米土地面积之内,竟然只有400万平方米左右的开发总量,而曼哈顿时代广场区段每平方千米土地面积之内建设面积超过1000万平方米;新加坡中央商务区和伦敦金融区的开发强度也与曼哈顿差不多。开发容量较低的伦敦金丝雀码头,强度也为陆家嘴的两倍左右。一江之隔、一百多年前发展起来的"外滩金融区",开发强度也比小陆家嘴大得多。[2]这些用作对标的城区,当然都比陆家嘴"拥挤"得多,难道它们不是更有活力、更有特色、氛围更好吗?从土地效率上看,不也是更集约吗?

---

1 陆家嘴的地域范围概念,有大小之说。"大陆家嘴"指陆家嘴金融贸易区,为上海市内环线浦东部分(罗山路-龙阳路-黄浦江所围合的32平方公里区域);"小陆家嘴"指其中心区,是20世纪80年代上海市总体规划中最初所提到的陆家嘴地区,为浦东南路-东昌路-黄浦江所围合的1.7平方公里区域。

2 小陆家嘴、外滩金融区、曼哈顿(时代广场周边)和金丝雀码头(建筑集中区)的数据来自本工作小组的测算。

当然，在地下空间还不够发达、公共交通支撑还不足的情况下，城市不允许这么高强度的开发容量。陆家嘴作为一个"摸着石头过河"的开发项目，在城区发展的前期还不具备一定的条件，因此较低的开发强度是历史的选择，这是很多人会拿来加以辩解的理由。这是没有问题的，问题是，陆家嘴的未来如何？如果说城市更新就是"在城市之上，再造城市"，那么，对于以"东方曼哈顿"为目标的陆家嘴，它的"扩容"就是"在现在的陆家嘴之上，再造两个陆家嘴"[1]。在大部分人看到难度的时候，我们看到的是"潜力"。"扩容"为我们划定了未来增量发展的主线，也正因为"扩容"的必要，让城市改造具有可行性。如何做，则是一个需要大家来研究的问题。

另一个目标是"提质"。这个策略需要在功能和空间上同时考虑。首先让我们说说功能方面的问题。

上下班高峰期的拥堵嘈杂和下班后城区里的死气沉沉，是作为一组问题出现的。中外规划师们在规划中央商务区的时候，往往都会将与居住相关的内容全部排除在外，对零售商业、娱乐和文化等功能也是谨慎的，因为他们认为中央商务区就应该有中央商务区的功能集聚度。早在上海陆家嘴的规划初期，就有这样的争论，争论的结果还是将金融以外的功能排除，这当然是当时的发展阶段决定的，但不能不说这个决策是缺乏远见的。金丝雀码头和德方斯的教训近在眼前，当这两个城区正纷纷着力进行功能修正的时候，20 年前的陆家嘴却正在大刀阔斧地去除商务以外的其他功能，这多么令人感到遗憾。

在功能方面，功能混合更加必不可少。好的城市中心区里城市功能必然是混合的，各种类型的商业、办公、娱乐休闲和其他服务设施应有尽有。这里还必须有一定量的住宅，它们一般以集合式的类型存在，用地强度是很高的，甚至很多不是独立用地，必须与其他的功能混合在同一栋

---

1 该说法见于蔡永洁在 2017 年上海政协会议上的发言。

建筑里。功能之间往往存在一定的依存关系，例如，这部分居住人口往往就是城区里办公塔楼里的职员，或者是城区里服务业的从业者。就算他们不在这里就业，也是商业和服务业的顾客，在下班时间里，贡献着城区作为社区应有的活力。功能之间的依存关系，不仅体现在比例上，还体现在空间的布局上，如沿主要空间路径和节点的商业、服务业聚集等。

在空间方面，有活力的城市中心区，具有很多相似的地方，例如，致密和多样的城市肌理。城市肌理是城市设计的核心问题，因为城市肌理决定了空间的基本特征。它由两部分组成，即建筑的实体和被实体限定出来的空间，二者相互依存。一百多年前，城市设计之父卡米洛·西特（Camillo Sitte）就用图底关系图来概括欧洲历史上的城市，并运用这个工具对维也纳的城市更新提出方案。我们也由此得知，致密的、多变的、优美的城市肌理是城市的活力和魅力之源，而肌理混乱的、松散的城市，往往有这样或者那样的问题。大部分中国新城之所以让人感觉空旷、冷漠、活力不足，其深层次问题就是肌理的问题。造成该问题的原因是，城市规划者们主要关注交通和用地，对建筑物的规定往往只考虑高度、建筑物的造型、材料、色彩这些和视觉相关的方面，而对与人的体验相关的如界面等问题考虑不足。此外，一些经不起推敲的倾向——国外一般只在城市郊区规划中使用，例如极低的建筑覆盖率、极高的针对独立地块的绿化率要求，以及对建筑物（往往是针对高度的）的各种退界要求，在新城规划中作为一种固定的范式被广泛采用。对城市肌理重要性的忽视，以及这些作为"看不见的手"的规划范式，共同导致了中国新城里肌理松散、混乱、无序的现状。

再如，以街道为主体的公共空间网络。在中国传统城市中，街道历来是公共空间的基本要素。自古以来，坊里中的"十字街"和形态更为自由的"坊曲"就是中国人日常活动的重要场所。宋朝以后，用以划分坊里的主要道路（类似于今天的机动车主干道）也慢慢成为日常活动使用的街道，这才出现了《清明上河图》中的盛景。今天中国城市普遍出现的公共空间缺失，根本原因就是街道的缺失。曾经有一种观点认为，在当代城市的规划里机动车的适应性应被置于首位，这种观点在欧洲各国和美国很快被摒弃，却在中国城市的中心区规划里被广泛接受。这导致的最大问题是城市道路过于宽阔，而为了保证一定的车速还会导致路网过于稀疏，道路不再适合步行。没有了街道网络作为最基本的框架，尽管中央商务区新城都规划了大面积的广场和公园，但公共空间的数量和对城区的支持都是不够的，那些广场和公园也变成沙漠中的孤岛，可达性成了大问题。最令人担忧的是，中国城市开放空间总体的量是足够大的，毕竟还有那么多"大手笔"的绿地和广场，但是缺失了街道，最为"日常"的空间形式就消失了。

在好的城市中心区的各种空间特点中，近人的尺度是一个非常重要却经常被人遗忘的特点。人是万物的尺度[1]，如果城市的尺度和人的尺度失去联系，那么城市必然变成"陌生的""冷漠的"和"遥远的"。好的城市是充满"烟火气"的。"烟火气"从哪里而来？是霓虹灯的闪烁，是街道上的人流穿梭，是窗户里的万家灯火，它们让那些巨大的城市建筑变得充满人情味儿。尺度是多么重要啊，一条不那么宽的道路；距离不远的下一个路口；路灯的间距你只需要走十步；不高的檐口线，上面有那么一些浮雕，因为有点远，你需要眯着眼睛才能够看清；一个个大的和小的窗户，它们都面向大街，玻璃是打着小格子的；小店和咖啡厅的吧台都离门口不远，在街上你可以透过橱窗和调酒师打招呼；那些直接面对大街的宾馆大门都是比较高的，当然也是比较"重"的，穿着制服的侍应生会为你开门；当你抬头一看，视线穿过街道上方窄窄的天空，那些高楼是多么高耸入云！在建筑师眼里，这些合适的、人性化的尺度，与你的生活息息相关，失去了合适的尺度，大不成其为大，小不成其为小，形式与人就无关了。我们新

---

1 "人是万物的尺度"最早由古希腊哲学家普罗泰戈拉提出，认为事物的存在是相对于人的感觉而言的。

城中那些闪躲在绿化带后面的，全身镶满昂贵玻璃幕墙的建筑，是不是就少了这方面的考虑？

"核心空间"也是一个必须提及的话题。正因为核心空间的缺失，中国的很多核心商务区不具有成为城市中心区的基本条件。很多欧美城市中心区内的主要广场或林荫大道，它们的名字往往就变成这个城区的名字，或者代名词。维也纳的斯蒂芬广场、纽约的时代广场、纽伦堡的市场广场、锡耶纳的坎波广场，都是如此。为什么呢？因为这样的空间一方面会给人们带来强烈的震撼，另一方面也是最适合驻足、交流、休闲的地方，进而，它变成居民、游客心中的一个符号，承载了这个城区的文化意义和关于它的所有的想象。中国新城里新规划的那些所谓"核心空间"，往往都不具备这些特点。一块摆上豪华标志性建筑的空地能够成为核心空间吗？大型绿地可以吗？巨型人工湖可以吗？这样的空间设置排斥了人的日常活动，以一些用来"看"的空间代替了用来"用"的空间，这是对"核心"内涵的极大误解。

总而言之，历史的前进，代表了每个历史断面上人的观念的一次次转变。而在每一个历史断面上，观念的转变总是合情合理的。中国特色的中央商务区曾经被认为是公司的集聚地、经济腾飞的标志，当时城市建设的目的无非是两个：一是高效地服务这些公司；二是展示城市蓬勃发展的形象。这两方面的目标，现在看来都实现了，从这个角度来说，当然可以认为这些核心商务区是成功的。至于前面说的那些作为"城市中心区"应该具有的空间特征，可以有，但不是最重要的。[1] 今天，我们并无权对作为"核心商务区"的这些城区的规划建设是否成功作出评判，但是在今天这个历史断面上，基于这些城区未来都应该成为"城市中心区"的判断，提出新的空间要求。

---

1 这让我们想起陆家嘴规划初期学术界关于"要不要在中央商务区设置商务功能以外的功能"的争论，最后当然是"让商务区保持功能纯粹"的这一观点取得了胜利，才有了我们今天的讨论。

1.4 陆家嘴作为改造的对象

如果让我们选择一个中国的中央商务区来进行改造，应该是也必须是陆家嘴。作为中国第一个规划和建设起来的新城中央商务区，它所承载的意义重大，因而改造它也必将同样被赋予非凡的意义。这是因为：

第一，陆家嘴是一个符号。

陆家嘴是中国改革开放的符号。它作为符号的意义，远大于作为一个"核心商务区"或者"城区"的实际意义。它向全世界展示了中国改革开放的决心和信心；甚至，带着一种竞争的意味，它努力让自己看上去比西方的中央商务区更加光彩照人。它的视觉形象出现在各种媒体上，必须让人可以一眼辨认，留下深刻印象，令人赞叹不已。因此，这里必须有最宽阔的马路、最高和最豪华的大楼或其他标志物——例如东方明珠广播电视塔和位处中心的大型绿地。作为符号，陆家嘴无疑是成功的。在水一方，以三栋宏伟大厦为核心、无数高层建筑堆簇的整体形象，带着夜幕中变换的霓虹灯，确实让人过目不忘。代表新上海的陆家嘴和代表旧上海的外滩商务区，隔着黄浦江对话，这就是上海尝试让世界记住的自己的样子：延续历史，又面向未来。

第二，陆家嘴是一个典型。

直至今天，人们还在津津乐道陆家嘴创建初期各种规划思想的碰撞。20 世纪末开始的中国的经济腾飞，迫切需要新的空间形式。但这个形式是什么，当时没有人有相应的概念。核心商务区，更是一个对于中国规划师来说很陌生的领域，国内还没有这方面的案例。也许当时即将回归的香港会是一个好的参考？或者，也许决策者心里想的是一个上海版的曼哈顿？或是一个上海版的德方斯？又也许是一个上海版的金丝雀码头（它的开发仅仅比陆家嘴早十年左右）？

20 世纪 90 年代举行的国际方案征集，邀请了当时国际上最炙手可热的建筑大师，他们的规划方案大多让人感到惊艳和振奋。经过整合的最终规划，被普遍认为是集合了各家方案的优点（图 1-1—图 1-5）。它首现了一些后来在中国其他城市的商务区大量出现的共同特点：向心的空间结构、宽阔机动车道路构成的稀疏的路网、居于城区中部的标志性建筑群组，以及与之毗邻的大型开放绿地。隐藏在这些空间特点下的是两个模式基础：一个是"高层、低密度、低强度"，其深层原因可能还是因为经济集聚度不足，却仍旧希望实现较好的视觉效果。或者说，它作为"符号"的价值仍高于实际经济使用价值。另一个是相比于西方案例而言大大缩水的公共投资，例如低得可怜的道路长度和密度、匮乏的轨道交通等。大部分城市开发的投入和责任都交给了购地建楼的投资商。"摸着石头过河"和"花小钱办大事"是那个时代的典型思维。而低成本投入下的"公私合作开发"模式，与其说是向工业革命晚期以来西方现代城市开发学习，倒不如说是中国自古以来"划地建楼"的城市发展模式的自然延续。

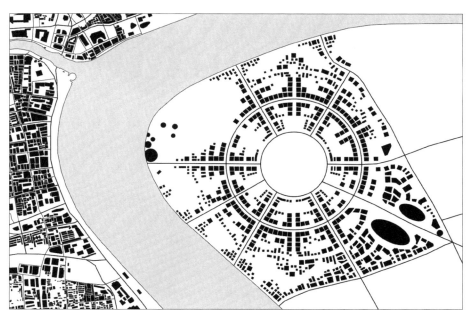

图 1-1　英国理查德·罗杰斯方案

图 1-2 法国贝罗方案

图 1-3 日本伊东丰雄方案

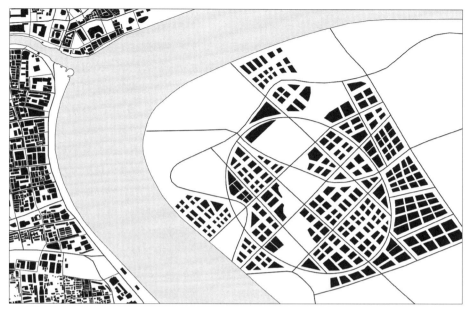

图 1-4 意大利福克萨斯方案

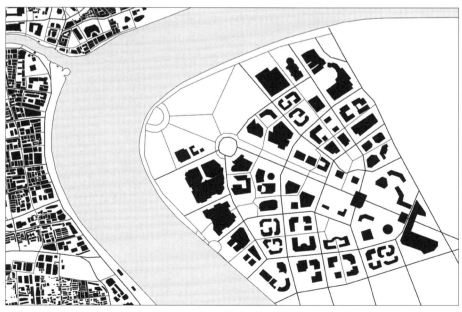

图 1-5 中国上海联合咨询组方案

第三，陆家嘴仍然具有发展潜力。

曼哈顿和巴塞罗那新城都还在不断地更新中，它们的每一个小地块都不断迸发出新的创造力；纽约苏荷区从衰败的仓储区演变成欣欣向荣的创新产业城区；而被奉为历史城区经典的维也纳第一区，在 20 世纪 80 年代初期允许老房子进行屋顶加建后，新旧的对话至今无时不在发生，历史保护和城市发展从来都不矛盾。历史发展激烈如滚滚洪流或温和如涓涓溪水，运动向来是发展的本质。那些已经凝固而止步不前的城市必然老去，城市的活动和活力也必然离它们而去。在很多人的眼里，陆家嘴已然建成，随着摩天大楼拔地而起，陆家嘴在物质空间上是不是就不再具有自我更新的能力了？这似乎是现代城市的通病。大的产权、独立的地块、高层建筑的结构形式，都让这些新城区缺乏空间结构的弹性，让每一次局部的更新变得成本巨大，因而也困难重重。对于这些新城区，建成的一刻就是它们辉煌的顶点，至少从物质空间上来说正是如此。那么，难道陆家嘴的命运就只有慢慢地老去吗？

当然不是，也绝不可以。在"扩容"和"提质"的前提目标下，陆家嘴从一个"完成品"变成了"半成品"。这就是陆家嘴改造的潜力所在，未来由此而展开。

1.5 改造陆家嘴：一次兼具反思和开拓的旅行

　　自 2010 年开始，同济大学建筑系、规划系和景观学系陆续有一些课程设计和国际联合设计营将陆家嘴改造作为选题，这些选题往往采用一些如绿色城市、参数化设计和步行城市的独特视角，或者聚焦一些如世纪大道改造等特定对象。[1] 这显示了同济大学建筑与城市规划学院作为教育和研究机构的责任心，也反映了一些教师在专业上的敏感度。与此同时，现实中随着陆家嘴的一些城市问题逐渐暴露并引起热议，一些局部的改造措施也已经提上讨论和建设日程，部分已经实施。例如，世纪大道南侧从"明珠环"到金茂大厦的步行天桥的建设极大地改善了这个区域的环境质量；作为该措施的后续规划，一些设计公司也提出将小陆家嘴的大部分塔楼用二层步行系统全部连接起来的想法。这些大胆的提案引发学术圈的热烈讨论，不仅因为这些提案提出了一些非常规的、非常酷炫的想法；更在于大家都已经隐约意识到，陆家嘴目前的状况是有问题的，改变必须到来。

　　陆家嘴的更新改造必须是结构性的：在不大拆的情况下实现系统优化或改变。反之，那些从具体存在的现实问题出发，"头痛医头、脚痛医脚"式的尝试，也许是现实当中最可行的，却绝对不可能导向系统性的解决方案，反而会成为代价最大、效果最差的努力方向。抱着这样的想法，从 2017 年至 2019 年，同济大学建筑系连续三届毕业设计将小陆家嘴的改造作为选题，课题由蔡永洁教授和许凯副教授带领共 39 名学生完成（图 1-6、图 1-7）。课题的特点就是"真题假做"，主动屏蔽一些现实的因素

---

1 例如 2016 年由孙彤宇、许凯、唐斌、杨镇源、克劳斯·泽姆斯罗特（Klaus Semsroth）和姆拉登·贾德里克（Mladen Jadric）主持的中奥四校城市设计联合工作坊的设计课题"陆家嘴公共空间再造"；以及 2015 年由李麒学、谭峥主持的设计课题"建筑热力学视角下的陆家嘴城市形态改造"。

（有时甚至不顾一些既有利益相关者的利益），只从城市发展更长的时间周期、更广泛的公众利益出发，寻找一个让陆家嘴取得长期发展的空间方案。按照下面三个主题，分三年完成：

主题一，建立城市细胞。以最广泛存在的，独立塔楼组成的低密度、高强度城市街块为对象，以"城市细胞"的相关理念着手改造，让它们成为具有共性的且"城市性"强的空间结构单元。

主题二，建立空间结构。以"城市细胞"为素材，改变"空心化"的结构现状，建立以圈层为主要特点的，拥有产城融合、活力集中的"城市之芯"。

主题三，建立核心空间。"世纪大道"在这里成为研究改造的设计对象，难点是在保持交通主干性的基础上，让"世纪大道"成为城市公共空间的主干，一个伟大的场所。

无论是对教师还是学生而言，这三个年度的教学过程都无异于一场"冒险"。从外部条件来看，尝试在一个已经基本建成的城区上进行系统性改造，纵观历史，这样的城市设计几乎是没有先例的。也许只有19世纪中叶奥斯曼（Haussmann）的巴黎改造曾经如此"胆大妄为"吧！从内部条件来看，大学教育的氛围总体还是相对宽松的。我们一直怀有这样的想法，大学教育不是为设计院培养合格的"螺丝钉"，而是应该把每个学生当作"将军"来培养。带领学生触碰城市发展的真实问题，同时有意地给予其宽松的环境，选择性地规避一些现实问题和技术问题，鼓励学生带着批判去大胆假设、小心求证。学生在这个过程中迸发出的创造力，让教师觉得震惊，也无比欣喜。"冒险"的价值由此显现，我们从中得到的显然不是完善的方案，从某种程度上来说有些方案也不太具有可行性，技术上和规范上都不见得站得住脚；但这是一种犀利的观点，一种对现实的深刻批判和对未来的某些愿景。也许有一天，这些想法，会成为进步的一颗种子。

图 1-6 设计讨论：关于城市细胞的建筑构成一

图 1-7 设计讨论：关于城市细胞的建筑构成二

2 城市细胞
空间的微观建构

城市设计大致有两种操作逻辑:一种是从宏观入手,先讨论城市的结构和关键元素的定位,以此建立起这些元素之间的相互关系,然后在微观层面建构城市空间,内容包括街区的形态、街区的建构方式、街区相互间的关系等。另一种是反向逻辑,从微观层面入手,首先探讨与人的日常感知最密切相关的内容,即建筑如何构建街区,然后再讨论这些街区单元之间的空间关系,在此基础上建立城市空间系统。现实中,两种操作逻辑也可以通过互动交替的方式同步存在于城市设计的过程中。在城市宏观系统的研究中,同时预设好微观层面上街区的空间类型与形态、尺度等问题;或者反过来,微观层面的操作必须在一个城市的结构框架下进行。不论以何种方式切入,城市空间的结构体系必须得到微观层面的街区建构方式的支撑[1];反之,街区的建构必须服从城市空间结构的总体要求。只有这样,一个城市的空间建构才会得到协调发展,并呈现出品质特征。

由于本书讨论当代中国新城空间品质提升的"再城市化"设计策略,即在既定的城市空间结构基础上探寻如何在微观层面提升空间品质,因此,讨论的内容主要聚焦街区层面的空间建构机制。

1 忽略微观层面的空间建构恰恰是过去几十年中国城市建设的根本问题所在,即只有城市规划,没有城市设计的城市建设。这种模式实现了速度,但牺牲了空间品质。

2.1　城市空间的建构机制

　　首先，我们需要澄清一个普遍的认识误区。城市空间不是由单个的建筑直接定义的，而是由一种建筑联合体构成的。一般情况下，单个建筑首先以特定的组织方式构成一种介于建筑和城市之间的空间单元，一种"中间层次的元素"；然后，这些"城市空间单元"再通过具有结构性特征的组织方式置入城市，从而营造出城市空间。城市空间单元是城市空间建构的最小单元，它带着明显的类型学色彩，具有城市空间意义上的独立性，不能被继续拆分，是从微观层面进行城市设计研究的主要对象。

　　克里尔兄弟（Leon Krier 和 Rob Krier）在形态学和类型学层面对城市空间的建构机制进行了精准定义。罗伯（Rob Krier）力图把建筑和城市统一起来，他的主要目标是重建现代主义以来被损坏的城市的空间性。他着力建立城市空间系统的系列类型学，提出在城市网络中创造广场、街道及其人文功能的新观点：一方面有容纳灵活性和变化的普遍特征，另一方面有建立城市空间和建筑延续性的精确形式，这是对功能技术至上城市的批判。[1] 他与克里斯托夫·科尔（Christoph Kohl）在柏林K城（Kirchsteigfeld）的设计中传承欧洲的周边式街坊，营造了一个结构清晰、类型明确而又丰富、步行友好的城市环境（图 2-1）。莱昂（Leon Krier）则明确区分了城市空间单元的两大类型：一类是特殊的、作为"设立体"[2]出现的纪念性建筑，即由一个单体建筑构成的空间单元。

1　KRIER R. Stadtraum in Theorie und Praxis：An Beispielen der Innenstadt Stuttgarts[M]. Stuttgart：Krämer, 1975.；克里尔 R. 城镇空间：传统城市主义的当代诠释 [M]. 金秋野，王又佳，译 . 南京：江苏凤凰科学技术出版社，2016.
2　指具有独立性的空间对象。

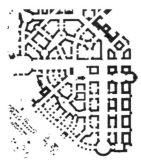

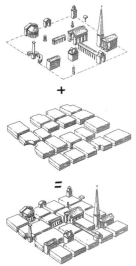

图 2-2 莱昂·克里尔:两类城市细胞
构成的欧洲传统城市

这类单元的空间职能是展示自己,在空间造型中扮演"图"的角色,往往难以有效地定义城市空间;另一类是普遍的、以组群方式构成城市街区的具有经济意义的一般建筑,在空间造型中扮演"底"的角色,它们精确地定义了城市的街道和广场,并因其包容性赋予城市空间和功能以多样性(图 2-2)。[1]

在现实中,"图"类单元一般表现为如教堂、庙宇、市政厅、博物馆、歌剧院等重要的精英建筑,是体现价值诉求的元素;"底"类单元则是规模最大的,由匿名的普通建筑并置而成的,一种介于建筑和城市之间的过渡元素,与我们一般常说的街区、街坊、街块概念相对应,其四周与城市空间(街道、广场、绿化等)相关联,在英文中常常以"block"的身份出现,具体表现为传统城市中如中国院落街区、欧洲封闭街坊、近代上海的里弄街区或第二次世界大战后风靡全球的现代行列等空间类型。以巴塞罗那为例,塞尔达新城就依靠两种纯粹的空间单元类型建构而成:一是作为"设立体"的大教堂(圣家族教堂);二是那些非常规整的、由多个建筑单体拼贴而成、带内院的切角正方形街坊。这两种类型空间单元的合理组合(网格+斜轴线)形成了这座誉满世界的城市。莱昂·克里尔曾形象地描述了这种城市空间的建构原理,清晰地概括了欧洲城市的空间建构原理。

---

1 克里尔 L. 社会建筑 [M]. 胡凯,胡明,译. 北京:中国建筑工业出版社,2011.

由此可见，空间单元是在微观层面研究城市空间以及进行城市设计操作的工具性元素，在许多学者笔下或实践中常常以不同的面貌出现。第二次世界大战后西方新理性主义的代表人物，如意大利的阿尔多·罗西（Aldo Rossi）、乔治·格拉西（Giorgio Grassi）以及德国的翁格斯（O.M.Ungers）和克莱胡斯（J.P. Kleihues），讨论的类型学其实都在聚焦空间单元的构成机制及其价值。新理性主义思想有一个共同的特点：尊重文脉，关注城市空间，对欧洲的城市与建筑空间传统有着非常深刻的理解，尝试从传统中找寻面对现代城市发展的良方，以空间（形态）类型作为万能的工具进行实践。欧洲的新理性主义主要有两条线索：一是以罗西、格拉西为代表的意大利类型学理论，尝试在观念上建立城市和建筑之间的类型学联系；二是翁格斯及其追随者在德国进行的理论与城市设计实践，展示出一种延续传统城市空间结构的高超技艺。类型学思维是他们的共同特点。

罗西的《城市建筑学》奠定了当代类型理论基础，他认为"类型与某种形式和生活方式相联系"，是对所有建筑进行分类和描述的形式常数，从而可以把建筑外观的复杂性简化为最显著的特性。穆拉托里（S. Muratori）在《威尼斯城市历史的引证运作研究》中认为形态与类型具有可操作性，强调表达历史文化与精神内涵的建筑类型在时间上的连贯性，提出类型过程概念，并探讨类型如何通过历史演变，发展变化成为各种特定时期的变异体。其弟子卡尼吉亚（Gianfranco Caniggia）在《解析基本建筑》中讨论了形态类型学分析的基本工具，这一完整的城市阅读工具包含了房屋类型、城市肌理、街区和城市形态四个层级。这些研究确立了城市空间构成单元的类型学价值。

　　罗西和格拉西在 1966 年共同完成的位于意大利蒙扎圣罗卡的住宅小区竞赛设计（Monza, San Rocco Housing Competition），就是对"院落建筑"单元类型的抽取、重组和变形（图 2-3）。[1] 设计师首先通过两层建筑围合的小院落作为基本类型建立起空间单元，它们呈网格排列，构成基本的空间尺度。两个更大的院子被放置在项目中心，一个紧贴路边，一个直接架在路上，构成了整个住区的公共部分。第三个大院落则独立放置在基地的东北角。设计师考虑的院落类型来源不仅仅局限于当地城市和农村的传统类型，如伦巴第大修道院（Lombard Abbey），还融入了一些现代主义早期集合住宅作品类型，如柏林的马蹄形住宅（Hufeisensiedlung）（图 2-4）和维也纳的卡尔·马克思大院（Karl Marx Hof）（图 2-5）。在这个方案中，空间单元被重新诠释和发挥。

1　ARNELL P，BICKFORD T，SCULLY V，et al. Aldo Rossi：buildings and projects[M]. Rizzoli，1991.

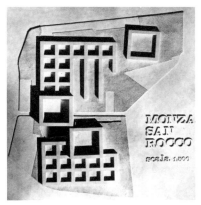

图 2-3 蒙扎圣罗卡的住宅小区竞赛

图 2-4 马蹄形住宅

图 2-5 维也纳卡尔·马克思大院

　　翁格斯对德国传统城市空间类型的提炼更加抽象、简练。他在 1995 年完成的柏林中央火车站（雷尔特火车站，Lehrter Bahnhof）区域城市设计竞赛方案非常概括地再现了德国城市空间类型的传统。他首先提取了德国大城市中常见的三种空间元素——街坊（柏林腓特烈区传统的街区结构）、"设立体"（辛克尔的柏林宫廷剧院）、滨水骑楼（汉堡的阿尔斯特骑楼柱廊），然后将这三种类型元素巧妙地组合进站区空间，形成大城市特有的多元空间结构（图 2-6、图 2-7）。结合施普雷河湾（Spreebogen）的走势，这三种类型元素自西向东依次排开，以回应周边城市环境并创造出不同的空间品质，促成了城市空间的多样统一，再现了德国传统城市的空间特质。[1]

　　在 1987 年的柏林国际建筑展（IBA 1987）中，主要策展人克莱胡斯总结归纳的城市更新改造的两大纲领性原则"谨慎的更新"和"批判的重构"，也是针对柏林城的传统空间进行的分类举措。这两大原则均推崇街区结构（空间单元）优先于单体建筑的理念，在尊重历史的基础上修复城市空间，重塑街道、地块，实现居住与其他功能的混合，是第二次世界大战后欧洲主流城市设计思想的集成（图 2-8）。[2] 类型学的设计方法成为一种传承地域特色、展示文化自觉的重要策略，也探索了现代城市空间的多元发展。这两条原则一直延续到东、西德统一后的柏林重建工作，并成为德国乃至整个欧洲旧城改造的主要理论与技术参照。两德统一后，在 20 世纪 90 年代完成的波茨坦广场（Potsdamer Platz）建设中，传统的街坊又被赋予新的价值。在这里，作为空间单元的街坊被来自不同方向的城市道路切割而呈现出不规则的形态，并与高层建筑相结合。与之相对应的是八角形的巴黎广场，为了完整展现广场的形态，两边的街坊被改成围合形，广场空间成为主角。

1 UNGERS O M. Bauten und Projekte 1991-1998[M]. Deutscher Verlag – Anstalt·Stuttgart，1998.

2 KLEIHUES J P, KLOTZ H, BURG A, et al. Internationale Bauausstellung. Berlin 1987[M]. Stuttgart: Klett-Cotta, 1986.

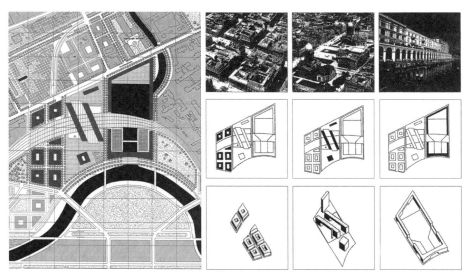

图 2-6 雷尔特火车站区城市设计总图　　　　　　　　　图 2-7　三种传统类型及其演绎

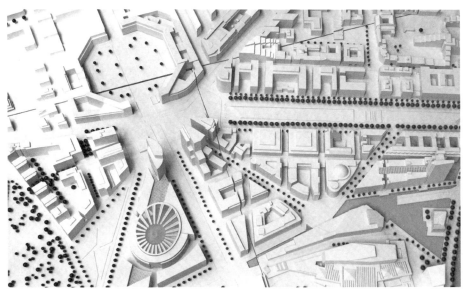

图 2-8　模型照片：柏林波茨坦广场（蔡永洁拍摄于柏林规划展览馆，2016）

2.2　城市细胞的建构能力

如果可以将城市理解为一种生命有机体，那么，构成这个生命体的最小单位——城市空间建构单元，就可以用生命体的细胞来解释。于是，空间单元可以用"城市细胞"（Urban Cell）来定义。借用细胞来解释城市空间的建构机制，有两层特别的意义：一是空间单元的有机特性，细胞的空间元素相互影响，而且处于一种变化着的生命过程之中；二是空间单元的复杂性，它具有相对的独立性，完整的单元内部还可以拥有复杂的结构。

由壁、膜、质、器、核五部分组成的细胞是构成生物体的基本功能单元，细胞通过特定的组织方式构成生物体。壁是细胞与外部的接触面，能与外界互动，同时保护细胞内部的膜、质、器、核，使细胞成为独立的功能单元；壁内的四种元素共同作用，才能实现细胞的基本功能。大量的细胞通过特定组织方式构成生命体。同样，城市空间由相互关联的建筑构成，并以此实现建筑与城市的统一。建筑首先以特定的组织方式构成一种介于建筑和城市之间的城市细胞；然后这些城市细胞通过具有结构性特征的组织方式被置入城市，从而营造城市空间。城市细胞是城市空间中最小的组织单元，其具体呈现方式有如中国传统城市中的院落街区、欧洲城市的封闭街坊或近代上海的里弄街区等类型。

从外部形态与内部构造特征可以发现，城市细胞由两部分元素构成：一是"外郭"，它相当于生命体细胞的壁和膜，一般以直接面临城市空间的边廓建筑呈现；二是"内质"，它相当于细胞的质、器、核，一般以外郭内不直接面对城市空间的建筑、庭院、巷弄、绿化等元素呈现。外郭定义城市细胞的轮廓，构筑起建筑与城市的关系；内质则建立一个与外界相对独立的内部子系统，即邻里空间，也可以具有准城市空间的属性。显然，城市细胞的内部构造及相互关系决定城市空间的特质。这种现象与生物体相类似，城市细胞通过其相互间特定的组织关系建立起城市空间的结构，并以此定义城市的街道、广场。于是，城市细胞自然成为研究城市空间以及城市设计的操作工具。

城市细胞具有四个特点：首先，它是定义城市空间的最小单元，具有独立性和完整性，其四周被城市空间环绕；其次，细胞内的空间构造不具备城市属性；第三，城市细胞功能混合，且具有独立性，是城市的功能单元；第四，城市细胞具有类型学特点，可以产生变形，具有灵活性和适应性。如果城市空间的建构机制被理解为"建筑—城市细胞—城市"逻辑，那么，建筑与建筑之间的空间逻辑将决定城市细胞的品质，细胞与细胞之间的空间逻辑将决定城市空间的品质。

如果仔细解读莱昂的两类城市细胞，可以对第二类一般建筑（"底"细胞）进行形态学的进一步细分，这也是城市空间中量大而又多变的元素：像巴塞罗那的街坊、北京的传统合院，现代城市的行列式结构，由众多"设立体"式建筑组成的点群式类型，或者是上述类型的混合体；这些不同形态的城市细胞对城市空间的营造能力差别明显。在今天的城市设计中运用得最为普遍的是起源于欧洲、在近现代被简化并一直沿用至今的街坊，另一类是被现代主义发扬光大、今天仍然被普遍运用的行列类型，在中国被广泛运用的还包括莱昂说的第一种类型，即空间定义能力微弱的纪念碑式的"设立体"建筑物，上海陆家嘴城市商务区就属于这种独立原则的产物。

从克里尔的传统欧洲城市建构单元中能够明显看出，大量的"底"类细胞是城市空间营造的基础。构成"底"类细胞的建筑物因为城市空间建构的需要，造型上服从大局，共同构成城市细胞的整体。如巴塞罗那、巴黎、佛罗伦萨的城市街坊虽然具有不同的形态，但均以塑造城市公共空间为主要目的，注重边界形态的完整性，临街界面由一栋栋建筑肩并肩相连构成，向城市开放且承载丰富的功能，为城市提供活力。相反，内部的院落大多是为满足通风采光等技术需求而被动形成的，没有城市意义，不成为营造的重点。由于城市生活发生在城市公共空间里，而不是内院中，与之相适应的是外向性的细胞构造。细胞与细胞之间的组织结构以网格为基础，由大量的"底"类细胞填充，互相之间形成人性化尺度的街道，网格中局部抽掉一些"底"类细胞而点缀纪念性建筑或构成广场。"图"类细胞与"底"类细胞共同作用使城市空间富于变化，用统一的类型创造出多样性的空间。

图 2-9a、图 2-9b 选择了三组性格迥异的城市细胞类型。一组来自欧洲的传统城市巴黎和巴塞罗那塞尔达新城，一组来自美国的现代城市芝加哥和纽约，一组是中国的北京旧城和当代的上海陆家嘴。组图分别展示了代表性的城市片段(下图)和片段内部典型的城市细胞(上图)，反映出不同城市细胞营造出的不同的城市空间，也反映出在同样城市空间网格下差异巨大的城市细胞建构。组图还表达了城市细胞的发展历程，显示了城市空间在总体上走向解体的基本趋势。

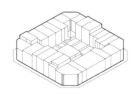

巴黎老城区   巴塞罗那塞尔达城

图 2-9a 案例分析：城市细胞及细胞建构的城市街区片段

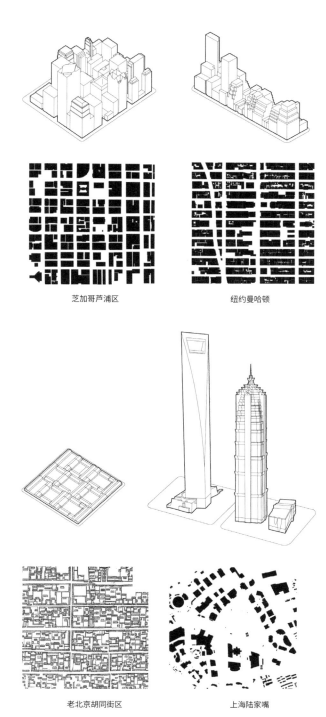

芝加哥芦浦区   纽约曼哈顿

老北京胡同街区   上海陆家嘴

图 2-9b 案例分析：城市细胞及细胞建构的城市街区片段

大家熟悉的巴黎旧城是奥斯曼在中世纪城市肌理上通过极端的手段改造而成的，城市街区被宏伟有力的斜向轴线大道切割开来，构建起重要城市空间节点的视线通廊，但也造成许多地块不规则，产生大量多边形的城市细胞。不管这些细胞在平面上呈现出什么样的形态特征，不管它们由多少单体建筑构成，它们的共同点非常鲜明：统一的建筑高度，朝向街道的统一建筑立面，失去城市意义的内庭院（杂院）。这种统一性建构了复杂街道系统下统一的城市景观。与巴黎的"旧城手术"不同，巴塞罗那在工业化时期扩建了塞尔达新城，因此能规划出严格的均质化网格系统，以表达绝对平等的社会理想。网格系统还被那条著名的斜轴大道打破，导致其两侧出现被切割过的街块。可以说，奥斯曼的巴黎改造具有从宏观入手的特点，塞尔达新城则具有自下而上的色彩。如果说巴黎追求的是复杂系统下的统一性，巴塞罗那的目标则是在统一网格下实现多样性。那些切角正方形街块由高度大致统一的建筑物沿地块周边布置而成，形成带内庭院的封闭式街坊。内庭院一般被分割城市若干小块，分给各户。直到近年市政府才将部分内庭院整合改造，向城市开放，成为城市庭院。

从图底分析看，芝加哥 LOOP 区与巴塞罗那塞尔达新城竟然十分相像，只是正方形的网格系统中少了那条斜轴大道。芝加哥能展现出非常有别于巴塞罗那的形象，要感谢完全不同的城市细胞建构。这里采用了现代美洲城市惯用的开放式街坊的城市细胞，即细胞内的建筑有时不完全相连，之间留有缝隙，更有利于高层建筑的个性化建设。细胞建构中不再追求建筑高度的一致性，建筑物的尺度和建筑风格差异越来越大，反映出现代社会更加个性化的价值诉求。能保证这样的城市细胞有效建构城市，非常重要的一点就是那些差异性的建筑必须尽量地沿城市道路布局，赋予街道明确的空间定义，而内部留下一些微不足道的后勤空间。虽然采用了长方形的网格体系，曼哈顿的城市细胞却与芝加哥异曲同工，同样是参差不齐的高层建筑，同样是差异性的建筑风格，城市细胞以守齐地块边界为准则，同样造就了与芝加哥相似的形态清晰的街道空间。这类城市细胞在亚洲城市也得到普及，日本东京、韩国首尔、中国台北和香港的城市中心区也普遍采用了这样的空间机制。

北京的旧城基本上被由四合院构成的街区所覆盖，这些四合院小单元被放在一个围墙系统里，从外面看非常封闭，而内部却隐藏着一个丰富的世界。坐北朝南的正房与东西两侧的厢房围绕一个家庭院落布局，建构起属于家的那个内向世界。相比欧洲街坊，中国的院落的最大差别首先在于内向性的空间原则，其次是内部建筑的独立性，它们按照等级秩序，通过围墙（隔墙）和连廊完成这个空间系统的建构。如果忽略墙和连廊，图底分析则无法展示出清晰的城市空间系统。可见，由合院单元拼贴而成的城市细胞不能形成对城市空间的积极建构。这样的空间观念在当代中国的城市建设中依然顽固地发挥着"基因"的强大作用。陆家嘴 CBD 地区，乍一看高楼林立，非常现代。但细致分析却发现，除了尺度和空间秩序与传统理念不同，独立的建筑以及忽略城市空间的操作却与合院系统异曲同工。陆家嘴的建筑群相互间缺少非常紧密的关联，更不会出现建筑与建筑相连的情形。每栋建筑均是独立体，千方百计地昭示着自身的存在，并不在乎城市公共空间。因此，陆家嘴的城市细胞非常单一，均是克里尔笔下的"精英建筑"，即"图"类细胞。与塞尔达的街坊相比较，相同大小规模的城市细胞，在巴塞罗那是由二十来栋建筑构成，而在陆家嘴只有一栋建筑。因此，这种单一细胞构成的城市空间显得缺少变化，空间的形态缺少明确定义。不论是在形态上还是在功能上，建筑失去了对城市公共空间的有效支撑。也可以换一个视角来解释陆家嘴现象：这里只有建筑，没有城市细胞，所以也就没有城市空间。

　　形态学的分析显示出城市细胞的类型学特征。根据"形态—类型学"的一般分类原则，可以把有意义的城市细胞概括为"街坊、行列、点群、'设立体'"四种基本类型（图2-10）。按照阿尔多·罗西的逻辑，这四种类型可以涵盖古今中外出现过的所有类型。但在现实中，这些类型一般不会以标准形态出现，所以它们营造出来的城市看上去常常不会那么纯粹。之前关于巴塞罗那和芝加哥的分析中已经说明，两个城区事实上有着类型上的血缘关系，都建立在正方形网格基础上，并且都采用了街坊的城市细胞类型，但由于建筑高度的差异，特别是建筑之间不同的紧密程度（围合式街坊 vs 开放式街坊），导致两座城市在形态上的巨大差异。另一个值得关注的现象就是类型的转换，比如在周边式建筑内部排列行列建筑（上海的里弄），又如"设立体"出现多了，就有可能转化为点群（陆家嘴现象）。最后一点，也是最重要的一点，在这四种类型中，只有街坊类型有利于城市空间的营造。

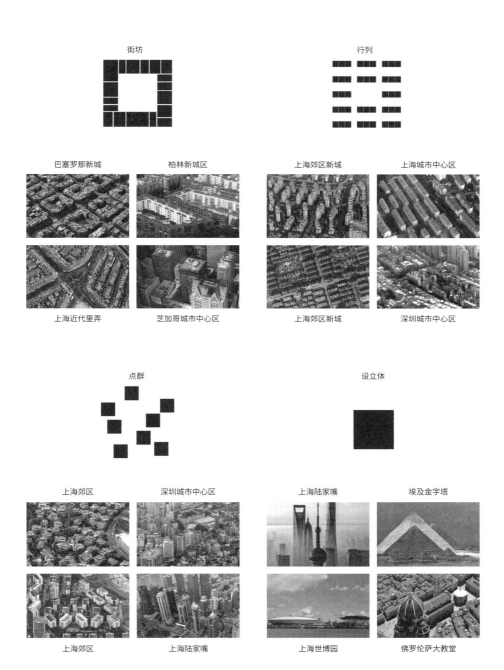

图 2-10 城市细胞的四种基本类型

　　总体而言，类型学思路可以给我们如下的启示：一是相同城市细胞的同构易于建立秩序明确的城市空间；二是同一类型的城市细胞照样可以营造出多样性；三是城市细胞类型之间的区别会因为自身形态的变化而显得模糊（图2-11、图2-12）。

　　再回到本章开头关于城市设计操作的两种基本逻辑（或者称之为两个层面），城市设计可以从宏观的城市结构入手，也可以从微观的城市细胞切入，两个层面的工作最后必须得到一个整合。前面三组案例的分析证明了城市细胞对城市空间的意义，其建构机制体现在两个方面：一、城市细胞由众多建筑组合而成，这些建筑的组织方式对城市细胞自身特点以及对周边环境的影响，表现为城市细胞的外部形态（外郭）以及内部构成（内质），建筑数量越多，城市细胞的表现就越丰富；二、城市细胞与城市细胞的组织关系对城市空间结构与形态的影响，表现为公共空间（街道、广场、绿地等）体系的结构与形态特征。

　　图2-11、图2-12关于巴塞罗那塞尔达新城的分析是一种极致的案例，充分展现了"建筑—城市细胞—城市"的空间建构机制和逻辑。由此可见，不同的城市细胞会建构出不同品质的城市空间。

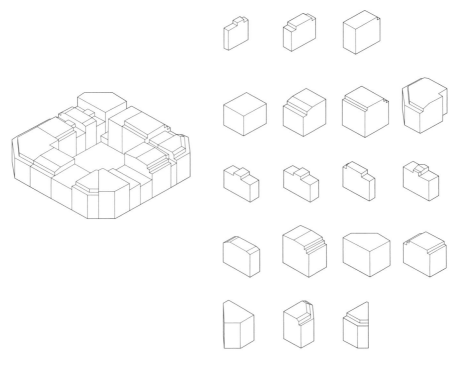

图 2-11 巴塞罗那：众多建筑构成的城市细胞

图 2-12 巴塞罗那：城市细胞同构而成的城市街区

3 细胞修补
结构与形态的重塑

　　陆家嘴是中国改革开放的标志性成果，以高楼林立的光鲜形象使世界瞩目，并且实现了向世界展示决心的目标，但光鲜背后的问题常常容易被忽略。总结起来，从城市设计的层面看，陆家嘴主要存在四个问题（图 3-1）：

　　（1）非人性的宏大尺度，即超高层建筑以及过低的建筑密度；

　　（2）形态不明的城市空间，即高层建筑没能有效定义街道和广场；

　　（3）多样性缺失，即功能单一，空间缺少形态和尺度的变化；

　　（4）步行环境品质低下，即功能分区引发交通潮汐，道路两侧缺乏活力支撑。

　　城市空间有问题，首先就是城市细胞出了问题。

　　一个生动的城市应该充满多样性，两类细胞缺一不可。一般建筑是"底"类细胞，它衬托作为"图"的精英建筑。城市空间的营造主要依赖于"底"类细胞，它决定城市的基本空间格局和多样性，在量上应该是绝对控制性的。陆家嘴的情形恰好相反，它的四个问题可以概括为城市性的问题，即日常生活特征的缺失。图底分析表明：陆家嘴完全是由标志性的超高层办公建筑构成，它们是相互间缺少关联的"设立体"，这种空间模式从基因上决定了陆家嘴不可能营造出具有城市性的空间。这里的城市细胞单一，空间未得到定义，多样性没有形成。随之带来的问题是，因为注意力放在建筑上，街道、广场以及空间形态的多样性及功能的复合性被忽略。结果是，我们在陆家嘴建造了大量的建筑，但却没有营造出城市空间。

为建立一个参照坐标，我们再回顾一下之前的三组城市细胞案例分析。案例的比较可以直观地引出三个重要结论：一、陆家嘴是唯一纯粹由独立的建筑物构成的城区；二、陆家嘴的街块尺寸明显最大，道路最宽；三、不论是传统的欧洲城市，还是现代的美洲城市，建筑均首先通过特定的组织关系构成复合型的城市细胞，然后再去定义街道与广场，而陆家嘴则用单栋的建筑直接面对城市空间。这一对比使陆家嘴的城市细胞与其他城市的差异得以显现，于是，可以尝试将陆家嘴的四大问题转译成城市细胞的问题，从而得到一种新的解释：

（1）非人性的宏大尺度，即细胞尺度过大，细胞间距过大；

（2）形态不明的城市空间，即图底关系颠倒，"底"类细胞完全缺失；

（3）多样性缺失，即细胞类型单一，只有"图"类细胞，细胞缺乏层次；

（4）步行环境品质低下，即细胞类型单一，细胞尺度失衡。

图 3-1 鸟瞰陆家嘴

如果从城市细胞的视角来看，陆家嘴的空间问题可以聚焦到两个方面：一是"底"类细胞的缺失；二是"图"类细胞尺度过大。然而，陆家嘴的空间问题同时也为它的二次建设留下了余地。陆家嘴的高楼大厦没有带来高的建筑密度，从数据上看，陆家嘴的空间特点是低建筑密度和中等容积率——尽管建筑修到了 600 多米高，陆家嘴的毛容积率却只有 3.5，只与多层建筑为主的塞尔达新城相似，远不及曼哈顿的 8（以上）。因此，陆家嘴再建设的空间余地很大。由于极低的建筑密度（17.8%），陆家嘴城市细胞的修补可以找到机会，通过简单的空间加密策略便可以大幅度改变它的状态，换来空间转型，实现它的"再城市化"。

问题明确之后，下面要思考的就是愿景，即陆家嘴的未来应该是什么样的？一个健康并且可持续发展的城市应该具有包容性，它适合所有人工作和居住；它应该是小尺度的，应该是功能混合的，空间应该是多样的，应该有能引人驻足的高品质空间节点。

空间加密可以让这一切成为现实，让陆家嘴这个城市CBD 向着以金融商务为核心的多元化、日常性的城市中心区转化。空间加密，就是在不拆除既有建筑的前提下，通过添加改变城市细胞品质的建筑，实现陆家嘴的"再城市化"改造（图 3-2a、图 3-2b）。于是，城市细胞的修与补自然地成为改造设计的两大基本策略：一是修理有问题的旧细胞；二是补充健康的新细胞。本着因地制宜的原则，根据陆家嘴的不同建筑或地块的特点，针对性地采取不同城市细胞"手术"。两种策略共同作用，矫正空间尺度和空间形态，重塑空间结构，补充城市功能，从而完成城市空间的重构。

城市细胞的修，即通过在既有建筑周边添加裙房改良细胞的形态和功能，将原来的"图"类细胞转化为复合性的"底"类细胞；

城市细胞的补，即选择低建筑密度区域系统性地添加"底"类细胞。

图 3-2a 城市细胞的"加密"现状

图 3-2b 城市细胞的"加密"结果

3.1 城市细胞的修

通过空间加密，可以将"图"类细胞转化为"底"类细胞，以实现城市细胞的修。具体策略就是在高层建筑周边补充多层裙房，形成街坊，既加强外部的街道空间限定，又同步构建内部的城市庭院。城市细胞的修理主要集中在建筑密度较高或者需要重点塑造的区域，基本上沿陆家嘴绿地和金茂大厦、上海中心、环球金融中心三栋超级超高层周边展开，形成一个环状结构（图 3-3）。下面通过三个代表性区域进行详细讨论，这三个区域是：

（1）东方明珠区域；

（2）陆家嘴绿地东侧及北侧呈 L 形走向的超高层建筑群区域；

（3）东方明珠南侧的国金中心双子塔及其周边区域。

这三个区域建筑与空间特点各不相同，细胞修理策略也因此各不相同，并且指向不尽相同的改造目标，但都以小尺度、混合功能、丰富的空间层次为原则，努力建构出具有类型学特征的城市细胞（图 3-4）。

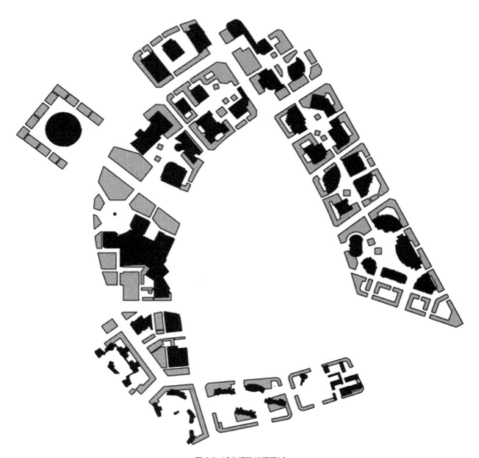

图 3-3　城市细胞修理区域

细胞区位

细胞现状

裙房植入

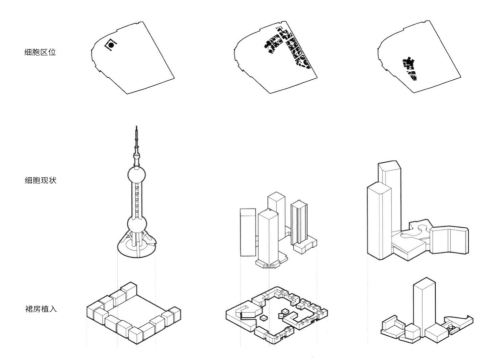

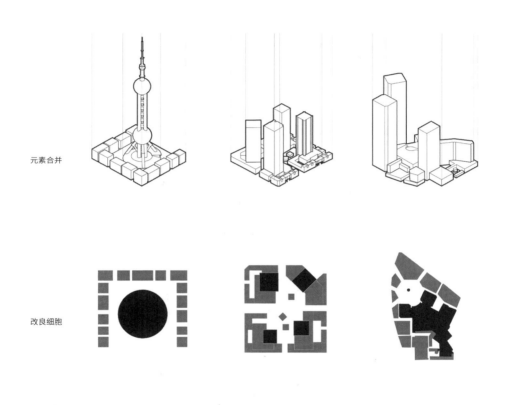

元素合并

改良细胞

图 3-4 三种城市细胞修理策略分析

改造对象一：东方明珠
从标志物到城市空间
（图 3-5、图 3-6）

图 3-5 "东方明珠"的改造范围

图 3-6　东方明珠及周边城区

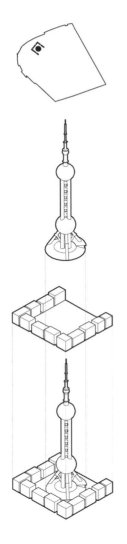

从空间上看，东方明珠扮演着观光塔和城市标志两个角色。东方明珠建于 20 世纪 90 年代上半叶，是浦东开发的象征。随着金茂大厦、环球金融中心以及上海中心的相继落成，这个上海乃至中国改革开放的标志性建筑的地位逐渐下降。仔细观察可以发现，东方明珠周边尽管空间充裕，时常也举办一些公共活动，但这里没有形成一个充满活力的市民空间。一是因为它的尺度巨大，二是因为这里缺乏行为支撑的建筑物，使人们获得必要的场所感。

改造的策略是植入一个 U 形的多层裙房带，构成一个以东方明珠为中心的半围合式广场（图 3-7）。由于地形变化，这个裙房朝向广场内部为六层，外部则为八层，配置以餐饮、休闲、文化为主的各种市民日常活动的功能，并融入少量的特殊居住功能，将这个空旷的场地转型为生动的城市公共空间，成为"东方明珠广场"。为了营造宜人的尺度，裙房被切分成很多小的建筑体块，以同时加强空间的多样性（图 3-8）。

通过简单明确的造型，U 形建筑的围合赋予广场明确的形态，广场空间也因此获得场所感。广场不仅服务于东方明珠，同时也让 4.5 千米长的世纪大道在这里获得一个明确的终点（图 3-9、图 3-10）。

图 3-7　东方明珠广场的改造策略

广场西边围：围合广场西侧的边围尤其重要，它是世纪大道轴线的对景，所以相对广场南侧和北侧来说，它的建筑形象被塑造得更加端庄，建筑体块变化相对较少。它是在一个连续的建筑体块基础上，通过切割留出对外的通道，再在建筑上部叠加小一些的体块，营造出变化（图3-11、图3-12）。建筑朝向内部广场和朝向外部滨水一侧被处理成完全不同的形象：内部通过建筑退台和出挑形成生动的露台和檐下空间，形成空间上的互动，以支撑广场的活动；朝外则边界轮廓清晰，赋予广场明确的形态，并标明广场内外之别。

广场南边围：广场南侧的边围则突出小尺度建筑概念，并局部调整角度，一则暗示此处与广场外部空间的联系，二则使广场边围形象更加生动。建筑的底层由更小体量的建筑填充，形成流动空间。建筑被赋予混合功能，商业、办公、文化、餐饮、旅馆、休闲等为广场的活动提供支撑，带来活力，保证夜间也有人气。

散步、单车、观光

进入东方明珠广场

广场滨水

自行车路线穿越

进入滨江区

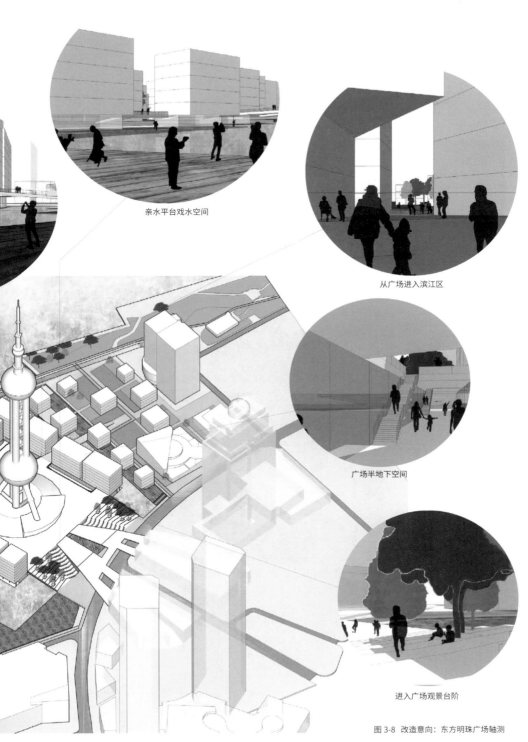

亲水平台戏水空间

从广场进入滨江区

广场半地下空间

进入广场观景台阶

图 3-8 改造意向：东方明珠广场轴测

图 3-9　设计模型一

图 3-10 设计模型二

图 3-11　鸟瞰东方明珠广场西侧边围建筑

图 3-12 东方明珠广场场景

改造对象二：高层建筑集中带
串起来的城市庭院

（图 3-13—图 3-15）

图 3-13 "高层建筑集中带"的改造范围

图 3-14 从步行桥上看高层建筑集中带

图 3-15 鸟瞰高层建筑集中带

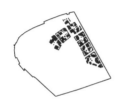

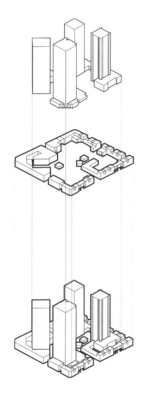

陆家嘴绿地东侧及北侧是整个小陆家嘴空间系统中相对明确的区域，由 24 栋连续性较强、高度相似、规则布局的超高层办公楼群组成，它们介于绿地及外侧的陆家嘴环道之间，给陆家嘴绿地建立了一个清晰的屏障。这些高层建筑以四栋成一组，两排建筑之间形成一条内街，只可惜扮演着后勤杂院的角色。尽管这些高层建筑都带有一个不大的裙房，但建筑的密度不高，仍然留有足够的空间加密的余地。同时，建筑相对明确的空间秩序也为这个区域的转型提供了基础。

这里的细胞修理策略是营造一种具有内部子系统的超级街区（图 3-16），首先添加高层建筑周边的多层裙房，以压缩街道空间尺度，降低街道两侧的建筑高度，同时在内部形成一个城市庭院(图 3-17)。这些城市庭院相互联系，构成一个串联起来的庭院步行链。添加的裙房构建起城市街坊，承载城市的日常功能，并赋予街道空间更加清晰的形态。不同类型的居住功能在这里得到显著加强，以满足

图 3-16 "高层建筑集中带"改造策略

图 3-17 设想中的高层建筑带中的"内街"

不同收入层次市民的居住需求。此外，高层办公楼的部分楼层也被改造成住宅。造型上，裙房同样被切分成小体量，以提升空间和功能的多样性，同时压缩建筑的尺度感（图3-18、图3-19）。

加密原则简单明确，将四栋超高层建筑当作一组建筑来看待，在既有建筑的外围沿城市道路扩建多层裙房，尽可能压缩城市道路的宽度，使其尺度宜人，同时在四栋建筑之间留出庭院空间，将其转化为步行系统，并在庭院内置入小体量的服务型建筑，与混合功能的裙房相呼应，增添空间活力。为压缩空间尺度，裙房建筑还被切分成众多更小体量的建筑，它们并置在一起形成变化丰富的沿街立面，又不失整体性（图3-20）。裙房的功能按照底部商业、中部办公、上部住宅的基本原则分配，以加强日常生活性的功能，营造多样性（图3-21—图3-24）。

这些城市庭院属于一个环形的步行系统的节点，具有很强的开放性。它是属于城市的，是未来整个小陆家嘴步行系统里的重要组成部分。在保证总体完整性的基础上，将裙房底部根据环境条件不同程度地架空，形成内外空间的互动。这种策略特别适用于空间比较狭小的地方（图3-25—图3-28）。

　　沿街添加的裙房，还与既有高层建筑之间营造出一种模糊的公共空间。它虽不属于城市庭院体系，但也向城市开放。它增加了空间系统的层次，构成名副其实的超级城市细胞。

图 3-18 设计模型一

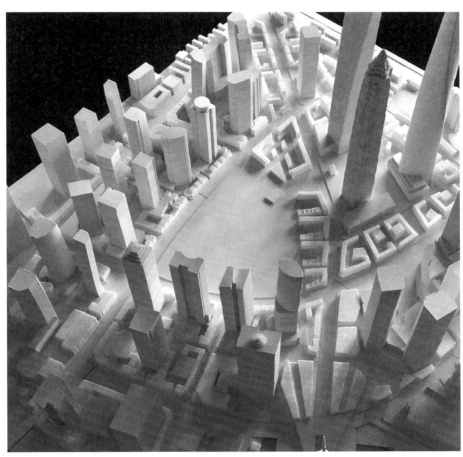

图 3-19 设计模型二

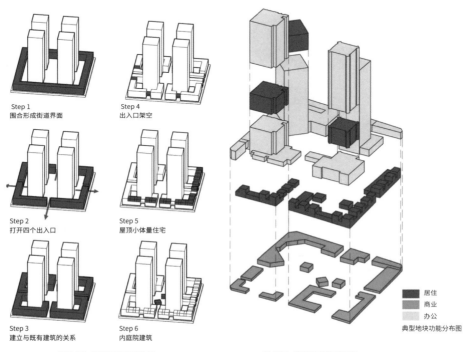

Step 1
围合形成街道界面

Step 4
出入口架空

Step 2
打开四个出入口

Step 5
屋顶小体量住宅

Step 3
建立与既有建筑的关系

Step 6
内庭院建筑

居住
商业
办公

典型地块功能分布图

图 3-20 空间生成策略分析   图 3-21 街坊功能构成分析

图 3-22 示范地块北立面

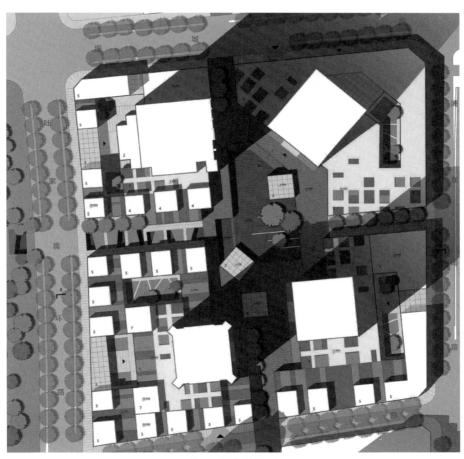

图 3-23 示范地块总平面

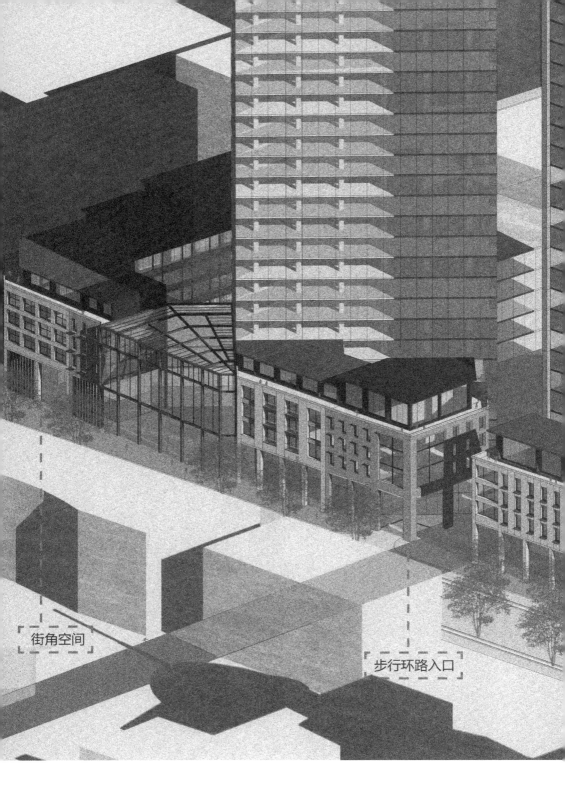

街角空间

步行环路入口

屋顶平台

绿地侧入口

图 3-24 新建的高层建筑裙房

图 3-25 城市庭院场景

图 3-26 地块之间的小尺度街景

图 3-27 沿街裙房场景之一

图 3-28 沿街裙房场景之二

改造对象三：国金中心
从前庭后院到城市广场

（图 3-29—图 3-31）

图 3-29 "国金中心"改造范围

图 3-30 从世纪大道看国金中心

图 3-31 鸟瞰国金中心

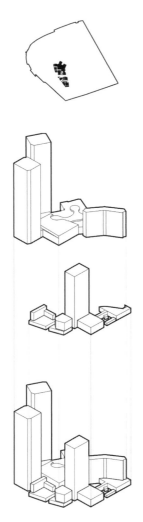

国金中心位于世纪大道的最北端，是一组双子塔造型的建筑，与东方明珠遥相呼应，从世纪大道上看非常醒目。双子塔的北侧是一个比较生动的小型下沉广场，广场中央设置了招牌式的 Apple Store（苹果）零售店玻璃房。高楼的底部是作为商业综合体的裙房，与地铁站点相连，公共交通便捷，属于陆家嘴区域较晚时候建设形成的空间节点。裙房的造型非常自由，其设计显然完全没有考虑城市的空间环境，更没有在更大范围为陆家嘴的空间结构系统形成支持，基本上是一个独立的体系，漂浮在空间环境里。

这里，细胞修理策略则顺应现状，采取了加强既有空间特点的措施，将零散布局的国金中心双子塔和裙房以及南侧的建筑整合成两组相对完整的大型街坊，同时压缩地块周边城市道路的尺度（图 3-32、图 3-33）。

国金中心北街坊：添加建筑使北侧的圆形广场形态更加完整，但留下一个斜向通道，与北侧的东方明珠形成视觉通道。增补的裙房同时让世纪大道在此处获得了明确的空间限定；沿陆家嘴环路通过小体量的建筑更加紧密地围合既有的圆形广场，增强其场所感。从广场发散出去，对应周边重要的建筑物设置开口，以加强对外联系，使广场的开放性得到保证。沿世纪大道的建筑体量较大，下部架空，并设置内庭院，以增加空间层次，保证对外联系（图 3-34—图 3-36）。

图 3-32 国金中心区域改造策略

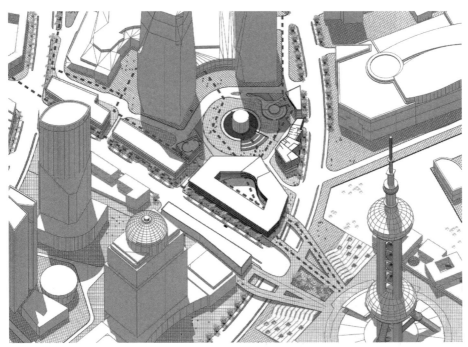

图 3-33 改造后的国金中心鸟瞰效果

图 3-34 沿世纪大道看东方明珠

图 3-35 从国金中心内庭院看东方明珠

图 3-36 裙房重组的国金中心

3.2 城市细胞的补

选择适宜的"底"类新细胞补充到高层建筑下部的空间，完全基于陆家嘴很低的建筑密度。系统性地补充新细胞可以彻底改变空间的组织原则，用一个新系统替代一个老系统，达到重构空间的目的。主要的操作办法是选择半围合式的街坊和点群式的城市细胞类型植入建筑密度低的区域（图3-37、图3-38）。三个区域成为实验田：

（1）金茂大厦、环球金融中心、上海中心三栋超级超高层所在区域；

（2）世纪大道沿线区域；

（3）东方明珠外侧的沿黄浦江滨江区域。

这三个区域有着不同的空间特点，补充的细胞类型和植入的策略也因此各不相同，但仍然沿袭既定的小尺度、功能混合、空间多样性三大原则。如果仔细观察可以发现一个现象，就是城市细胞的补充区域与之前的修理区域局部重合，比如在世纪大道西端国金中心双子塔北面的街块，世纪大道东端与陆家嘴绿地北侧超高层建筑群的结合点，以及世纪大道中部金茂大厦的西侧和环球金融中心的东侧。这种重叠现象正好印证了城市设计中非常重要的一个现象：建筑的布局不能简单考虑回应城市空间的一个方面，而是必须关注到周边环境的所有要求，城市建筑的角色是多样的。

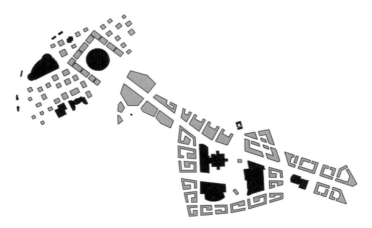

图 3-37 城市细胞补充区域

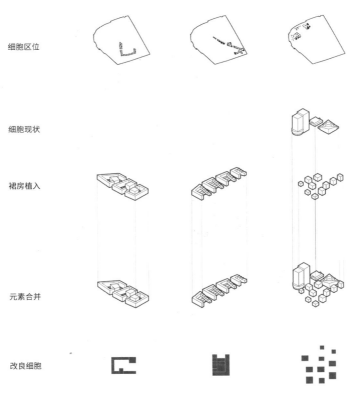

细胞区位

细胞现状

裙房植入

元素合并

改良细胞

图 3-38 三种城市细胞补充策略分析

改造对象四：超级高层
从超级地标到超级场所
(图 3-39、图 3-40)

图 3-39 "超级高层"改造范围

图 3-40 鸟瞰超级高层

图 3-41 细胞补充区域

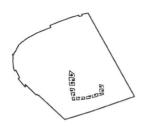

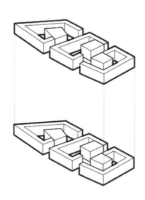

图 3-42 核心区域改造策略

历时二十年，上海打造了金茂大厦、环球金融中心、上海中心三栋"巨无霸"超级超高层建筑。这三栋建筑的造型各不相同，争相展示着自己的魅力。它们占据着小陆家嘴的中心，北面正对陆家嘴绿地。从远处看，三栋建筑鹤立鸡群，控制着陆家嘴乃至上海的天际线，是上海的新地标。比较特别的是，三栋建筑均未设置大型的裙房建筑，以至于三个地块的建筑密度都很低，地块之间是城市道路，道路和建筑之间留下许多消极的城市空间，仅通过满足规划指标要求的绿化加以覆盖。陆家嘴的这个核心区域显然没有得到统筹的考虑进而发挥出应有的作用，它的空间尺度大而消极，导致行人无法停留。

在这个陆家嘴的核心区域，有着良好的条件可以塑造出一个与众不同的超级广场（图3-41—图3-45）。具体办法是在三栋超级超高层建筑的三面植入带开口的街坊，将这个区域的三面围合起来，保持三个超级超高层建筑物的现状，从而打通三个地块。这是一个"一箭三雕"的策略：一是建立起一个新的尺度与结构系统，融入混合功能；二是将三栋超级超高层建筑之间的空间转型成为一个充满空间张力的城市广场；三是在广场边沿地带建立起一个完整的城市庭院体系。这个广场由三栋超级超高层建筑主导，围合性不强，空间充满了流动性。水平展开的不确定空间与竖向上戏剧性升高的建筑形成强烈对比，充满张力。可以非常确信地讲，这个超级广场将是世界上独一无二的。它迎向世纪大道，与陆家嘴绿地呼应，尺度变换强烈，个性特征鲜明。

广场南侧和西侧则是呈L形布局的、小尺度街坊系统，它们的共同作用定义了相邻的街道，限定了广场的外围空间，通过"街道—城市庭院—城市广场"的层级组合，营造出层次丰富的城市空间，以其功能的多样性为城市的丰富性提供载体，并成为这个大型城市广场活动的有力支撑（图3-46—图3-49）。

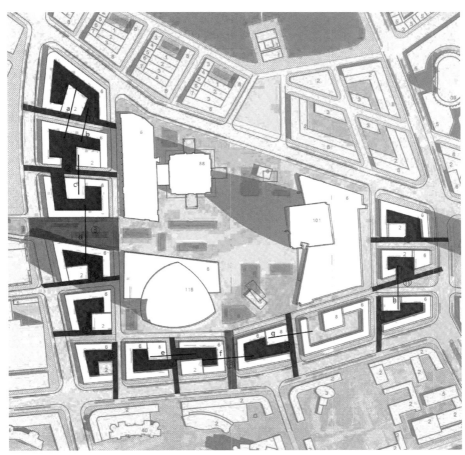

图 3-43 改造意向：环绕超级广场的城市庭院系统

图 3-44 设计模型一

图 3-45 设计模型二

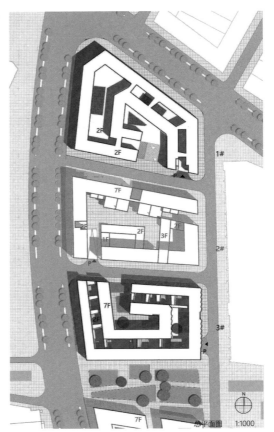

图 3-46 修补后的街坊总平面（局部）

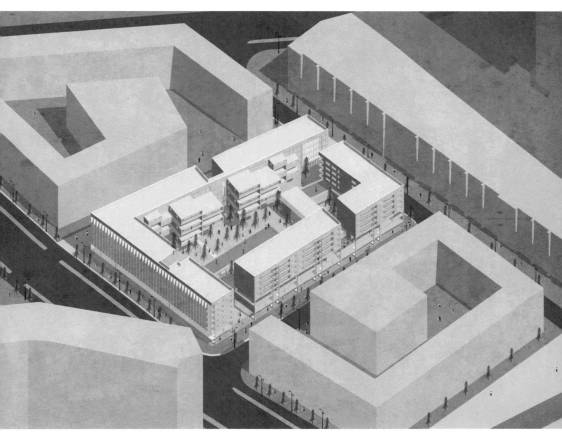

图 3-47 典型街坊

图 3-48　从街坊庭院看金茂大厦

图 3-49　超高层下面的小街坊

改造对象五：世纪大道
重获空间意义的城市轴线

(图 3-50—图 3-52)

图 3-50 "世纪大道" 改造范围

图 3-51 世纪大道一

图 3-52 世纪大道二

世纪大道的第一特点就是宽，双向十车道，外加非机动车道以及两侧宽阔的人行道，全长 5 千米，宽 100 米，构筑起一条气势恢宏的轴线大道。世纪大道让上海有了一条轴线，实际上也是按照一条景观轴线在打造。但由于尺度过大、功能单一、形态不整、交通繁忙，导致这条大道变成了既不被司机喜欢，更不受行人爱戴的城市空间。现实中，世纪大道主要承载着浦东与浦西之间的过境交通，但由于世纪大道与陆家嘴原有的网格形道路体系成 45°斜角，割裂了小陆家嘴的空间，更进一步加剧了机动车交通的混乱。

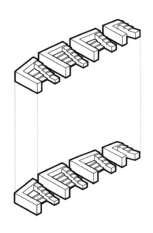

要解决世纪大道的问题，首先必须梳理交通以压缩道路宽度。第一步关键策略是将过江隧道（延安路隧道）提前下沉，在世纪大道进入小陆家嘴区域前就进入隧道，从而大幅减少交通流量。第二步是在大道沿线植入小尺度的街坊，可以实现两个目标：一是使世纪大道获得明确的形态和更小的尺度；二是让世纪大道原本模糊的空间走向获得更准确的定义，通过对景定位确定大道的转折变化，使这条轴线获得新的空间体验（图 3-53—图 3-56）。

图 3-53 世纪大道沿线改造策略

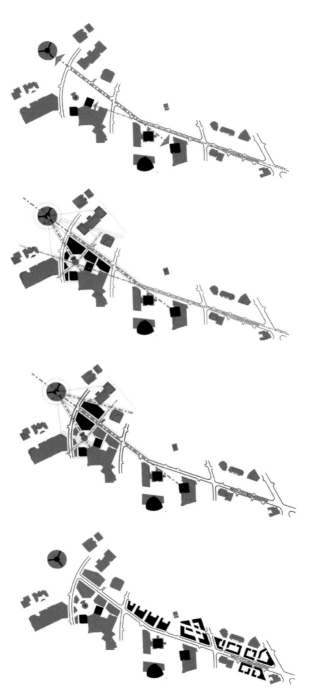

图 3-54 世纪大道形态修正

图 3-55 设计模型一

图 3-56 设计模型二

为压缩路幅,在世纪大道沿线植入不同类型的细胞(图3-57、图3-58）。这些细胞依然以多层的街坊为主,可以承载不同类型的功能。新老细胞共同作用,将宽阔的世纪大道压缩至35米,并将其转型为一条尺度适宜、人车混行的城市生活性街道。在世纪大道北面靠陆家嘴绿地一侧设置一个U形的半开放街坊系列,这些街坊准确定义世纪大道空间,而朝向绿地则呈开放状,形成空间渗透,台阶式的变化更增强了这种互动性。此外,街坊底部小尺度体块的植入使得世纪大道空间在统一控制下获得了某种程度的丰富与多样。

世纪大道的空间转折以三栋重要的建筑物作为对景:一是环球金融中心大厦;二是国金中心北楼;三是东方明珠。结合世纪大道的既有走向以及国金中心广场中心点的几何关系,通过在金茂大厦北面的道路转折,可以重新确定世纪大道的形态特征,使世纪大道的空间获得精确的视觉感知和意义,将松散的道路空间转型为一个充满张力与变化的"街道—标志物—广场"空间体系。

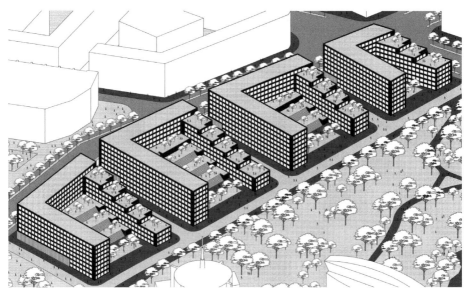

图 3-57 世纪大道沿线的街坊系列

图 3-58 沿世纪大道典型街坊剖面

改造对象六：滨江区域
流动的城市休闲空间

（图 3-59—图 3-61）

图 3-59 "滨江休闲带"改造范围

图 3-60 鸟瞰"滨江休闲带"

图 3-61 从外滩看陆家嘴

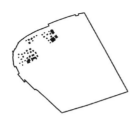

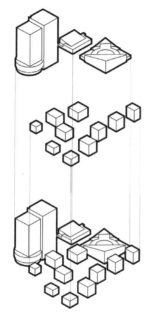

滨江区域是陆家嘴与黄浦江的过渡区域，建筑密度很低，已逐步发展成为市民休闲生活的重要去处。从这里可以获得通向浦西外滩的美丽景象，也可以回望高层林立的陆家嘴。然而，滨江区域并没有获得过城市设计层面的细致考虑，更像是小陆家嘴的边沿地带——以绿化为主，辅以一些咖啡厅、餐厅等小型的建筑设施；只有上海国际会议中心以其庞大的体量抢占了第一线江景。

无论是从地铁 2 号线站点出来，还是从小陆家嘴的核心出发，或是从三栋超级超高层建筑区域出发，去往滨江的路都非常不舒适——这里缺少中心区与滨江的联系，行人需要穿过长距离的非地（消极区域），沿途更是缺少建筑设施的支持。

改造目标是维持目前的空间特征，植入少量的小尺度建筑于绿化之中，营造流动的外部空间，呼应滨江大道休闲性功能，成为滨江大道与高强度的陆家嘴核心区的缓冲。这里的点群式小尺度建筑自由地撒落在滨江空地上，建筑之间并不存在某种既定的关系，也不追求空间围合。这种自由的、小尺度的品质正好与东方明珠广场的大尺度及规整性形成鲜明的对话。建筑的功能以休闲活动的支撑为目标，以餐饮、商业、文化、体育等功能为主导，加强整个区域的多样性（图 3-62—图 3-66）。

图 3-62 滨江区域改造策略

加建建筑

交通系统

景观植被

原有建筑

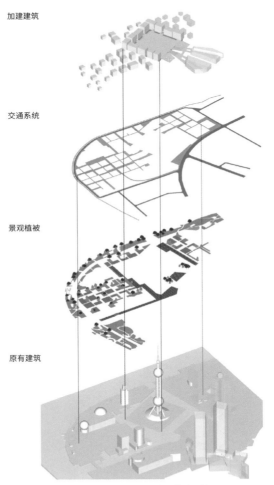

图 3-63　滨江区域空间构成分析

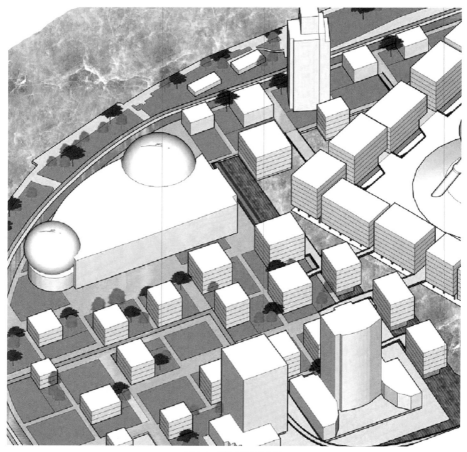

图 3-64 滨江空间鸟瞰效果

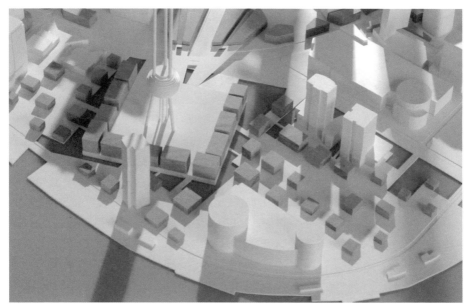

图 3-65 设计模型一

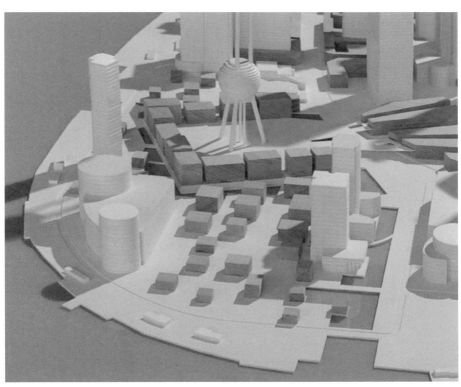

图 3-66 设计模型二

3.3 总结：走向日常

　　城市细胞修补术的基本原则是空间加密，在不拆除的前提下实现城市空间的修正，以提升其品质。由于植入的元素基本上是多层建筑，这样的细胞修补术并不会改变陆家嘴恢宏的城市天际线，但却在人活动的城市空间基面重新建立了一个亲和的空间系统，从而改变陆家嘴空间松散、无形、单一的状况（图 3-67）。城市细胞修补会带来空间体验的彻底改观，它在中微观层面改变了陆家嘴既有的面貌，使其空间结构进一步明确，尺度得到修正，空间形态得到塑造，功能走向复合。由此，陆家嘴的空间可以变得紧凑、明确而且丰富，完成从一个城市 CBD 迈向一个以金融商务为主导的、充满日常生活元素的城市核心区的转化。

　　根据这次实验的数据统计分析，陆家嘴容积率从现在的 3.47 提升至 4.60，提高了 32.6%；建筑密度也从 17.81% 提高至 31.27%，提升了 75.6%。这意味着在陆家嘴可以增添近 200 万平方米的建筑面积，意味着在陆家嘴这个新城中又活生生地再造了一个新城。

1. 结构调整

城市细胞的补充，改观了世纪大道，在赋予世纪大道明确形态的同时，通过对景组织将大道沿线重要的空间节点如东方明珠、国金中心、金茂大厦—环球金融中心—上海中心串联成一个系统，使大道的转折获得明确的空间意义。城市细胞的修理将陆家嘴绿地东侧和北侧的超高层建筑群串联起来，并向世纪大道以南延伸，形成一个完整的环状结构，在小陆家嘴范围建立了一个步行空间系统，完成了陆家嘴向市民城区转型的重要一步（图3-68）。

细胞修补术还带来了公共空间体系的分级（图3-69），由原来单一的流动性空间转型为得到明确定义的"街道—城市庭院—城市广场"体系，空间的层次变得丰富，并由此可以促生城市活动的丰富性（图3-70、图3-71）。

图 3-67 设计模型

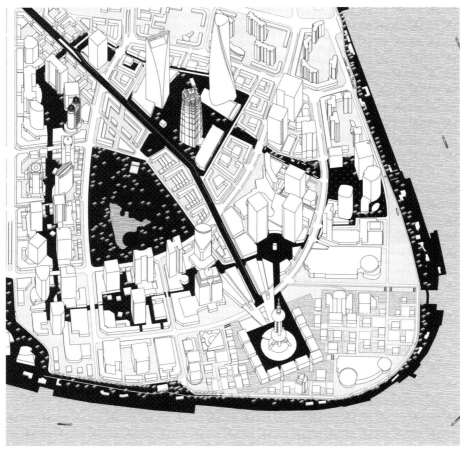

图 3-68　重要节点的公共空间系统

图 3-69 陆家嘴成为多样化城市活动的载体

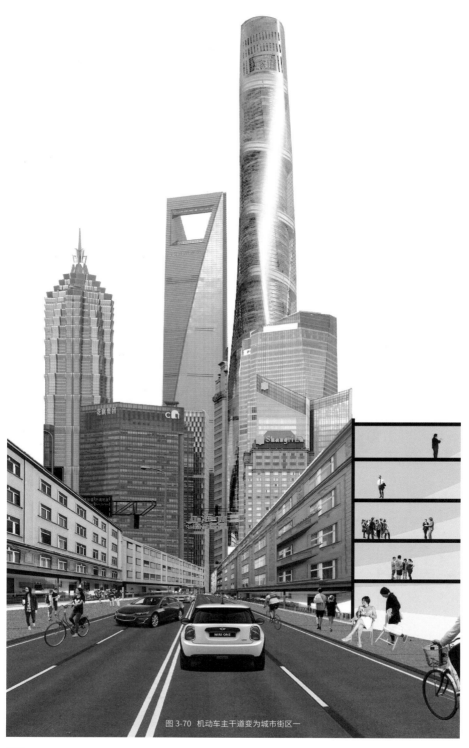

图 3-70 机动车主干道变为城市街区一

图 3-71 机动车主干道变为城市街区二

2. 尺度修正

空间的加密带来大量小尺度元素的介入，它化解了大量城市消极空间，压缩了道路空间尺度；在保留宏大空间的同时，以自身的小尺度注入了一个新的小尺度的空间体系，构建起两把比例尺的空间系统。从远处（外滩）看，陆家嘴保持着它那惊人的宏伟天际线。进入陆家嘴，空间感受则来自新植入的小尺度街坊以及改良的城市细胞。穿梭于小尺度街坊之间，体验充满人情味的环境，同时享受标志性建筑的感染力。空间的尺度得到了修正，两种尺度的共存则增添了空间的变化与张力（图 3-72、图 3-73）。

3. 形态重塑

空间加密使街道、庭院、广场、绿地等各种空间类型的围合性得到加强，城市空间形态得以清晰呈现。由于城市细胞的植入和改良都是通过小尺度的元素实现的，因此，空间形态的变化容易得到感知（图 3-74、图 3-75）。

4. 功能复合

细胞修补术还彻底改变了单一地以商务办公为主导的城市功能，注入了城市的日常功能，特别是不同类型的居住功能得到加强，为年轻人在此居住和就业创造机会，保证陆家嘴作为一个城市有机体可持续地发展。通过加建和功能置换，居住功能可以从现在的 4% 提升至 21%；办公功能则下降了 39.2%，从现有的 79% 降至 48%。此外，文化、休闲、商业也可以得到相应补充，从而使陆家嘴在继续保持城市 CBD 性质的同时，向一个混合型城区转型（图 3-76）。

我们在这里尝试了中国新城"再城市化"改造的可能，它既是前瞻的，也是现实的。它是城市空间的批判性重构，更是社会空间的重组。它没有尝试解决所有复杂的问题，但它探索了通过城市细胞修补术改造城市空间的途径与方法，并证明了这种细胞修补术的可行性（图3-77）。它还留下一个重要启示：没有必要只将眼光继续放在城市新区的开发上，在新建成区上还大有文章，还可以在不大拆的情况下进行大建，这是一种更加生态的选择。

　　最容易引起争论的是容积率的提升问题，顾虑大概会集中在机动车交通组织上。这次实验并没有专题展开讨论，而是在两种假设前提下进行的：一是公交优先策略；二是世纪大道的过境交通下沉。但如果我们拿陆家嘴与容积率在8以上的曼哈顿做个比较，那里的交通并没有因为超高的容积率而出现明显的问题。恰恰相反，高容积率带来的是多样性和人气。

　　反思实验成果，尚有几点值得进一步验证：空间的加密程度是否到了极限，因为更大的建筑密度更有利于人性化的小尺度与多样性的形成；对现有地块的调整不充分，路网未能大幅度加密，两把比例尺体系没有做到极致；由于10名同学分小组实验，导致空间的整体把握不够系统，地块间的衔接不够精准。但改造思路总体把握住了陆家嘴的关键问题，提出了陆家嘴精细化改造的一种途径，为今后的城市建设展示了另类的可持续发展策略。

　　最后，空间加密策略再次印证了建筑学的一个基本原理：空间是被建筑挤出的，没有密度的空间难以被感知为空间。

图 3-72 浦东南路现状

图 3-73 通过建筑裙房的扩大将浦东南路改造为适合步行的道路

图 3-74 现状：世纪大道与金茂大厦

图 3-75 改造：小街坊营造的空间形态

改造前功能分布

改造后功能分布

办公　商业　居住　文化　居住混合　其他混合

图 3-76　建筑功能布局变化分析

图 3-77 模型照片

4 核心重塑
找回失落的城市

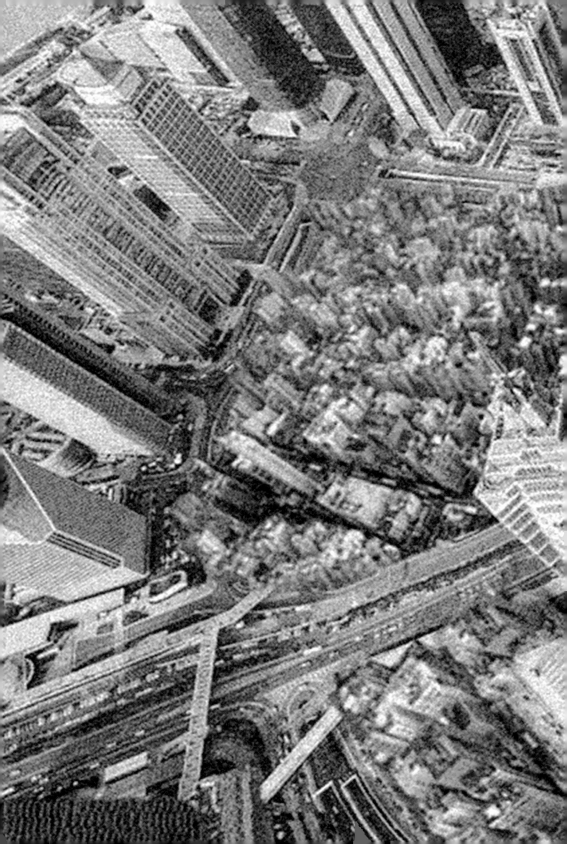

图 4-1 陆家嘴作为城市活力的中心

面向年轻人，产城一体的创新城区是陆家嘴的另一种"再城市化"策略。

问题就是机会，哪里有问题就从哪里开始入手解决。之前关于形态和结构的重塑实验中已经分析过，陆家嘴几乎所有的问题都源自低密度空间。它的中心区是一个无法聚集人气的大块绿地，旁边还有一条宽阔的世纪大道，高层建筑区域也是普遍采用低密度模式。而在所有问题之中，陆家嘴那块中心区域的大空地则是问题之中的问题。陆家嘴是一个没有核心的 CBD，一个失落的新城。

如果坚信充满活力的空间一定是高密度的话，那么，潜力无限的空间核心营造自然会成为重新找回城市性的途径（图 4-1）。

4.1 城市核心的价值

城市核心一般都非常明显地区别于其周边而显得异常突出。它的主要特点就是高密度，不仅体现在空间密度上，也表现在由此带来的活力密度上。

无论是规划的还是自然生长的城市，无论是中国的还是西方的城市，经过时间的洗礼，城市里最后都会形成一个充满活力的核心区域。这个核心因为其标志性特征而引人注目：一是处于城市的中心地带，具有几何学上的中心意义；二是高强度的开发，通过高密度和高容积率建设区别于周边；三是高度的复合性，通过形态的变化以及功能的高度混合形成多样性，它会像吸铁石一般成为一个城市的精神和现实生活的中心。

拥有核心是城市的一种规律。无论传统的还是近现代的城市，城市中都存在一个甚至多个高密高容、具有形态类型特征的核心区域。从形态上看，城市空间的密度随着距离城市核心的距离而变化。越靠近核心越密，尺度越小，甚至在中心区域形成突变；空间的多样性也在核心区得到充分展现。欧洲中世纪生长出来的城市，其核心特征尤其明显，如德国法兰克福的老城区，其空间密度和形态的多样性在图底分析中异常醒目。当人们走进城市核心区，跃入眼帘的是旺盛的人气。而给人印象最深的当属那些小尺度的市民广场，以及多年演化形成的商业步行街，如纽约的时代广场。上海的南京东路则代表了改革开放以来当代中国城市建设中空间转型的努力。但是，不论城市核心的空间形态具有什么样的类型学特征，它们都拥有一个普遍共性，就是以高度的空间集约和高度的功能复合形成高度的复杂性（图 4-2）。

图 4-2　富有活力的城区的代表：
法兰克福（上）、纽约时代广场（中）
和上海南京东路（下）

城市核心区不仅是高度密集的功能载体，还是公共活动的中心，这里汇集了一个城市最重要的经济、文化以及市民日常休闲设施，是城市活力的中心。在欧洲，传统城市的起源常常从这里的市场、教堂或者城堡开始。在中国，城市的中心区与市场和古代衙门也密不可分。这种传统一直延续到了今天，在现代城市里，规划师笔下的新城中心区也少不了广场、市政厅、歌剧院、博物馆、图书馆等市民文化设施。城市的空间围绕核心展开，从城市核心出发，道路四通八达，城市核心也常常因此成为城市的公共交通枢纽。城市核心既是城市的几何中心，也是城市的交通中心，更是城市的活力中心。它因其特殊的空间形象与功能的多样性，凝聚了市民的心理认同，成为一座城市及其市民的身份象征。

欧洲的城市广场被称为城市起居室，对于普通人来说，城市核心就是家，是一种精神归属（图 4-3）。

维也纳一区：中世纪城市

巴黎市中心区：古典主义城市

纽约曼哈顿中城：现代网格城市

上海外滩区域：殖民城市

图 4-3 四个代表性城区的肌理

4.2 失魂的陆家嘴

　　作为中国新城建设的代表和模仿的样板，陆家嘴集中展现了当代中国城市化以大尺度、低密度、功能分区为特征的现代主义城市规划理念，是效率追求和雄心展示的结果。高强度开发带来高楼林立，但陆家嘴并没有造就一个高密度的复合核心。相反，陆家嘴的几何中心区是一块三角形的陆家嘴中心绿地（图4-4），与世纪大道南侧的金茂大厦、环球金融中心、上海中心三栋超级超高层建筑相对应，形成一个被四周独立式高层建筑群围绕的开放空间，形成了陆家嘴的空心现象。

　　从上海城市中心区的图底分析中基本上看不出陆家嘴作为一个城市核心的存在，它的建筑密度远远低于黄浦江对岸的旧城区（图4-4）。如果不是浦江那个戏剧性的转折，陆家嘴会完全淹没在上海这座城市森林之中。那个原本应该是高密复合性的城市核心是缺席的，空心取代了高密，占据了陆家嘴的几何中心位置。由于功能的单一性，陆家嘴绿地除了中午休息时间段有些来自周边办公楼的人员外，日常鲜有人问津。由于隔着一条马路，其周边的高层建筑群失去了对这个空间核心的有效行为支撑，导致陆家嘴CBD活力核心的丧失。那个期待中的充满活力的陆家嘴没有出现；相反，这个中心绿地成了空洞的空间拼图（图4-5、图4-6）。

图 4-4　浦东陆家嘴与浦西老城区城市肌理的差异

图 4-5　缺失的核心

图 4-6　陆家嘴中心绿地现状

这个结果要回溯到当年理查德·罗杰斯（Richard Rogers）的方案（图4-7）。在1992年举行的上海浦东陆家嘴国际规划设计咨询中，罗杰斯提交的大斗兽场式方案展示了一个直径约400米的中央圆形城市广场。这个形式主义的构思在当时引起了决策者的普遍关注。最后，中国上海联合咨询组的轴线大道方案（图4-8）在吸收了罗杰斯中央广场设计构思的基础上形成了一个整合方案（图4-9）。该方案保留了世纪大道轴线，融入了罗杰斯方案中尺度极大的中心，但在实施过程中，为了让位于那条中央世纪大道以及尊重既有路网，罗杰斯的绝对中心概念被转换为三角形的偏心绿地。今天看来，罗杰斯方案通过规整的向心性平面构图，创造了一个几何中心。它看似宏伟，但只是一个大尺度的空核。它的尺度越大，城市空间的解体效应就越显著。上海联合咨询组在方案优化中采纳了这个空核，将中心绿地与一个大尺度的交通轴（而不是人的活动轴）相结合，加上空间与功能的多样性缺失，这个空核自带的问题基因被激化了。

三十年的发展历程已经证明，陆家嘴的低密空心结构无法促进城市活力。它存在两个明显的不足：一是尺度过大导致空间亲和力损失；二是中心区人的活动缺乏周边建筑功能的有效支持，难以起到集聚作用。此外，低密度、大尺度和功能单一的独立式高层办公建筑导致城市空间在形态上的不确定性，无法促进多样性，从而造成空间亲和性的丧失。

图 4-7 理查德·罗杰斯的竞赛方案

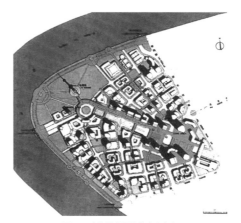

图 4-8 上海联合团队的竞赛方案

图 4-9 整合的规划方案

4.3 塑造从未有过的核心

　　欧洲有机生长的城市有一个特点，就是城市肌理像树的年轮一样呈现出一种圈层结构。城市核心区最为密集，最为复杂，一般是早期中世纪甚至古罗马时期的产物。在这一圈的外层是中世纪盛期（13、14世纪）的痕迹，仍然非常密集。再往外是近代的增长，最外层则是现代城市。这种圈层结构从内到外密度和复杂性逐渐降低，到了现代，城市空间甚至出现一种解体的趋势。法兰克福城市的肌理分析也清晰地展现了这一特点。中国的城市一般没有这种有机生长的形态特征，但是以皇城、府城、子城为核心的圈层结构概念仍然非常清晰，北京城就是这种理念的结果。显然，城市核心在中国一直是非常特别和重要的。否则，当代的北京、上海也不会按照圈层结构来组织城市空间了。特别是上海，这个移民城市原本就没有按照中心理念进行过规划。这其中，交通的因素肯定只是一方面，心目中的中心观念一定扮演了某种角色。

　　圈层结构启发我们重新审视陆家嘴，通过一个高密中心区的塑造，可以赋予陆家嘴一个从未有过的核心，从而使陆家嘴朝着面向年轻人的、产城一体的创新城区转型。借助空间加密，用高密核心取代大尺度空核，从而提高密度，缩小尺度，营造多样性，塑造具有活力的城市中心。将陆家嘴中心绿地与世纪大道南侧的三栋超级超高层所在区域共同视为陆家嘴的核心，使之成为一个重构的整体对象（图4-10、图4-11）。两种空间策略成为重构的手段：第一是空间加密，通过加建对空心区进行填补；第二是空间塑造，选择适宜的城市细胞类型，构建混合多元的城市空间。

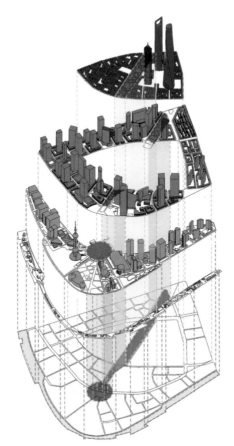

图 4-10　陆家嘴空间应该形成的圈层结构

图 4-11　各圈层不同的建筑密度

1. 空间加密

改造的第一个手段包括增加路网密度和建筑密度两个维度。路网密度的增加能够使街区尺度适当压缩，通过对现有路网的调整，适当增补道路，对道路重新分级，使低层级道路网络更加顺畅，从而增添步行的舒适性。由于陆家嘴绿地被转型为高密度的建设区域，作为置换，世纪大道被转换成为一条文化体育功能相结合的休闲绿廊。这一策略维持了陆家嘴的绿化率，同时保留了世纪大道作为一条交通轴的记忆。世纪大道的过境交通则在进入核心区前就被导入地下，使其转型成为可能。在世纪大道两侧设单行道，衔接两侧路网（图4-12）。

建筑加密按照层级分类处理，从而形成一种从核心出发、由内向外密度逐步降低、尺度逐步增大的圈层结构（图4-13）。新的核心将是目前的空心区域，即密度最低的陆家嘴绿地及世纪大道南侧三栋超级超高层区域，它被作为核心的核心进行塑造，被赋予最大的建筑密度和最小的空间尺度。超级超高层之间则被空出，形成一个尺度相对适宜，同时又非常独特的城市广场。核心的周围是目前的高层建筑带，通过补充裙房成为中等尺度、中等密度的外圈。外圈的外围是既有的结构松散的不同类型的建筑，这个区域基本不做调整。最后是滨江区域，继续延续其超低密度的自由休闲状态。

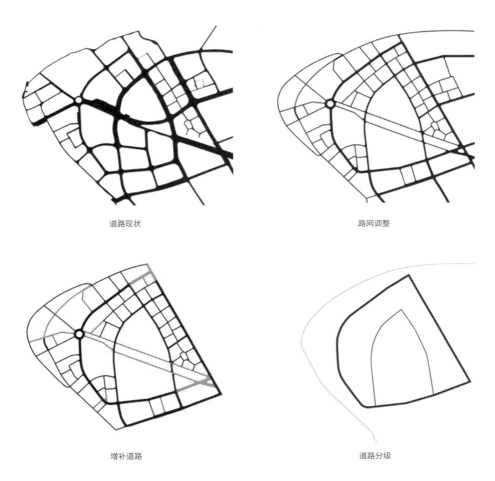

道路现状

路网调整

增补道路

道路分级

图 4-12 路网加密策略

核心圈加密　　　　　　　　　　　　外圈加密

外围不变　　　　　　　　　　　　　滨江自由

图 4-13　各圈层建筑加密的策略

2. 空间塑造

　　改造的第二个手段是通过有效的城市细胞类型塑造空间形态。空间塑造工作聚焦新的核心，通过不同类型的城市细胞探寻这个未来核心的多种可能。城市细胞的选择以小尺度、多样性为原则，与既有的大尺度的单一空间形成对比，创造出两把比例尺的空间系统。小尺度细胞的介入，在金茂大厦、环球金融中心和上海中心底部构成一个较大尺度的城市广场，并在吴昌硕纪念馆所在区域形成一个朝向世纪绿廊的小型城市广场。两个广场分别由三栋超级超高层建筑和区域内仅存的历史建筑主导，都具有独特的空间意象。广场与小尺度城市细胞构成的"街道—庭院"的空间网络形成强烈的对比，从而产生"广场—街道—庭院"的层级组合，营造出层次丰富、类型多样的城市空间（图4-14）。

　　不同细胞类型的城市细胞营造出不同品质的高密度核心。本着建构一个产城一体的现代城区的目标，为陆家嘴注入新的活力，四种不同主题、不同类型的核心区空间模式被提出来进行探讨（图4-15），分别是：陆家嘴芯片、陆家嘴创意村、陆家嘴网格、陆家嘴庭院。

图 4-14　核心加密后的陆家嘴总平面

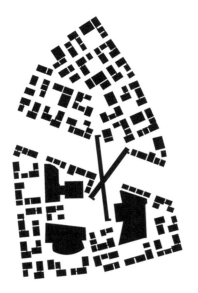

方案一：陆家嘴芯片

方案二：陆家嘴创意村

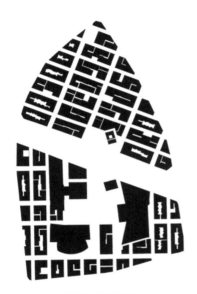

方案三：陆家嘴网格

方案四：陆家嘴庭院

图 4-15　陆家嘴核心（最中心的一个圈层）塑造的四种方式

图 4-16 "陆家嘴芯片"提案的模型照片

陆家嘴芯片

1) 陆家嘴芯片：创业者的乐园（图 4-16）

在电子学中，芯片是一种把电路（半导体设备或被动组件等）小型化的方式。在大多数人的印象中，芯片具有体积小、效率高，看似简单却能够高效地承载复杂运算的功能。陆家嘴的核心可以塑造成具有芯片效能的创业者乐园，它吸引年轻的未来高科技精英在这里工作和生活。这个核心的空间和功能是非常集成和高效的，通过简单的芯片状的空间秩序构建丰富多样的工作与生活的复合体。

首先，"陆家嘴芯片"方案的空间构成是在简单的平行线网格构筑的建筑群中抽调一部分，再将剩余的建筑通过不同的高度组合在一起。基本单元是简单的细长的长方形，平面轮廓一致。小尺度是建筑的最大特点，它们与周边的高层建筑群形成鲜明的尺度对比。其次是居住和功能的空间统一，尤其为年轻人提供生活与工作的空间。再次是简单网格内部的空间多样性，体现在建筑的高低不同以及空间的节奏变化（图4-17、图4-18）。

芯片建筑的内部是变化多端的。以高层住宅为例，简单的模块组合成水平展开或上下贯通的居住单元，其间可以穿插空中花园。这些住宅可以是商住型的，即工作和居住统一在一起，因此都以大面积使用单元为主。建筑的下部是商业和休闲配套设施，服务于建筑和社区（图4-19、图4-20）。

简单的芯片也可以呈现出竖向的丰富变化。利用芯片的组合可以获得空间的纵深，通过切除、挖空、架起、下沉等常规空间设计策略，营造出多层次的城市微空间。这些微空间是创业乐园里聚会和交流的场所，是活力的发动机（图4-21、图4-22）。

图 4-17　小尺度芯片置入陆家嘴

图 4-18 模型照片

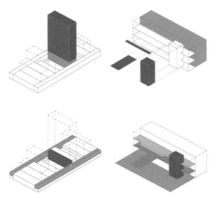

为联系两侧交通，建筑下部空间开放处置

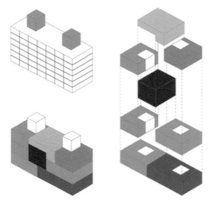

改良住宅，通过模块化，实现一户多层的堆叠效果

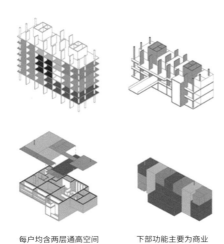

每户均含两层通高空间　　　　下部功能主要为商业

图 4-19　空间生成：芯片中的高层公寓

图 4-20 多样居住形态的高层公寓

图 4-21　丰富的芯片空间与生活—

图 4-22 丰富的芯片空间与生活二

图 4-23 "陆家嘴创意村"提案的模型

陆家嘴创意村

2) 陆家嘴创意村：创意的核心（图 4-23）

图 4-24 陆家嘴创意村的基本结构

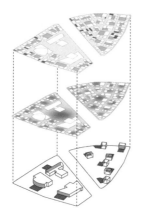

图 4-25 陆家嘴创意村的总体结构

提起城中村，马上让人联想起许多"臭名昭著"的当代中国城市里自组织形成的高密度居住区。深圳城中村尤其有名，不仅仅因为它的复杂性以及不符合当今城市建设的诸多规范，更因为它阻碍了现代城市的发展。如果从飞机里鸟瞰深圳，看到的不是城中村，而是这座城市本来就是村，一座正在被新的宏伟建筑蚕食着的大村。学术界却常常感慨城中村的活力以及其中蕴藏的人文精神，这有点像当年卡米洛·西特怀念中世纪的欧洲历史城市一样。显然，当代中国的城中村有着某种难以言状的魅力，它应该就是改革开放之初自下而上的高效、合理的发展结果，它的特点是：高密度、小尺度、混合性、偶然性。而这些看上去都是违背今天的城市规划思路的。

陆家嘴恰恰缺少城中村的这种日常品质，它完全被不真实的神话绑架了。因此，回归日常最简单的手段可以是将这个未来的城市核心塑造成城中村。这听上去比较疯狂，让我们试试吧。

相比深圳的城中村，陆家嘴创意村的密度低了不少。因为这里需要提供大量的小型城市公共空间，它们散布在村里，成为创业者工作之余休闲生活的场所。村庄的建筑功能是混合的，居住、工作、文化、休闲、运动、餐饮有机地混合在村里，因此可以全时段地保障空间的活力。

　　在一个隐性网格的控制下，用相对自由的小尺度建筑围合一个小庭院，构成城中村组团，每个组团都带有一个小小的邻里庭院和一个邻里服务性公共建筑，构建起城中村的城市细胞单元（图4-24）。那个小型公共建筑必须是丰富多彩的，它是每个城市细胞的魂，起着凝聚作用；而这显然是深圳城中村没有的（图4-25、图4-26）。

　　城中村强调居住和工作的空间统一，将小型居住和工作空间单元整合在同一栋建筑里，形成互动，是城中村的又一特色（图4-27、图4-28）。这种一体化策略避免了功能分区带来的种种弊端，但对就近的生活服务设施提出了新的要求。显然，陆家嘴的城中村不仅仅是一种自身的独立体系，也是对整个陆家嘴城市性的补充。

图 4-26 模型图片

图 4-27 "城中村"中的生活一

图 4-28 "城中村"中的生活二

图 4-29 "陆家嘴网格"提案的模型

陆家嘴网格

3）陆家嘴网格：简单的秩序可以很丰富（图 4-29）

造型美学有一个重要命题，即讨论统一与变化，或称规律与偶然。也有另一种解释，就是这一对概念本身就是一回事，二者离不开彼此。在城市造型领域有许多典型案例，古代的城市基本上都具有这样的特质，近现代的巴黎改造、巴塞罗那塞尔达新城，以及后来的纽约、芝加哥，到今天的东京等，许多成功的城市都展现出通过简单的几何原理呈现多样性的策略（图 4-30）。

在这次核心区建构的实验中，陆家嘴网格拥有最简单的结构和最高的密度，而这二者恰好常常是相辅相成的，因为在结构简单的前提下才容易高效地发挥出空间的承载潜能（图 4-31）。同时，也因为这种简单的网格结构，更容易使小尺度的核心区建构与既有的大尺度元素形成强烈的对比。这种戏剧性的尺度对话使核心区形态清晰呈现，同时赋予陆家嘴更鲜明的空间特质。

规整的网格与三栋超级超高层区域以及世纪绿廊存在交集。世纪绿廊的斜线与不规则的高层建筑产生形态上的偶然性，为城市空间带来随机的变化。在网格内部，狭长的地块形成整齐的城市细胞（图 4-32、图 4-33）。细胞内部的构造则继续着多样性的展示，建筑体量大小不一，功能也各不相同。即使是同一栋建筑内部也努力促进功能的混合（图 4-34）。细胞注重的是建构城市街道（图 4-34），因此建筑立面不论高低必须整齐排列以限定街道空间，其内部则只留下保证采光通风或后勤必需的通道。

在这样的空间体系中，建筑成为城市建筑，它们是细胞的组成元素（图 4-35）。建筑在服从城市细胞建构街道空间要求的前提下发挥自己的作用。这种作用常常只能体现在建筑内部的空间与功能的组织上，对外则只有一个规则：服从城市。

图 4-30 愿景：像曼哈顿一样简单而又丰富

步行网络分析

办公
住宅
商业
文化娱乐

建筑功能分析

公共空间布局

图 4-31 网格下的多样性营造

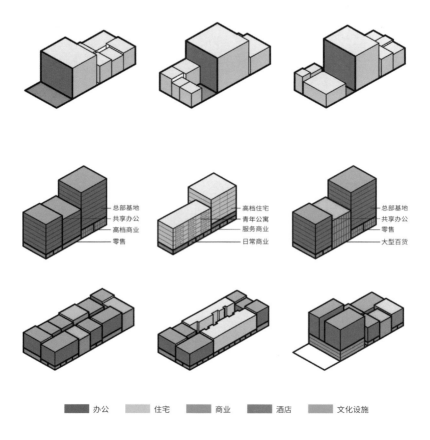

总部基地	高档住宅	总部基地
共享办公	青年公寓	共享办公
高档商业	服务商业	零售
零售	日常商业	大型百货

办公　　住宅　　商业　　酒店　　文化设施

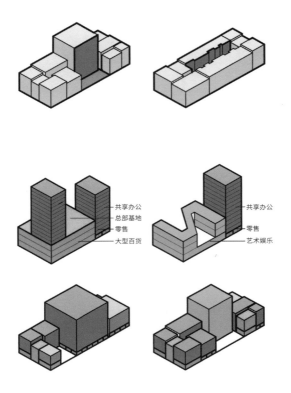

图 4-32 网格内部的小尺度联排式建筑体量

共享办公
总部基地
零售
大型百货

共享办公
零售
艺术娱乐

图 4-33 模型照片

设计策略分析图

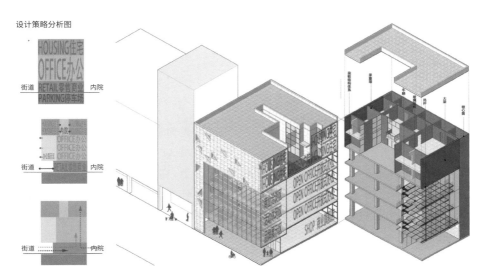

图 4-34 城市建筑的混合功能

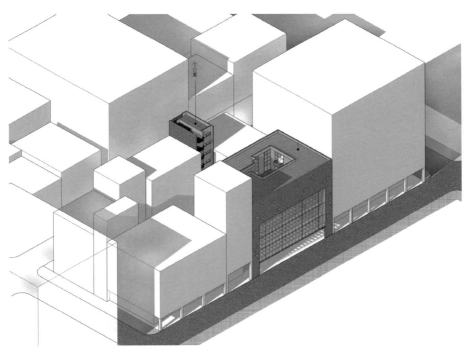

图 4-35 城市细胞内的城市建筑

当地块面宽足够小的时候，就出现了在夹缝中生存的城市建筑（图 4-36、图 4-37）。这些建筑可能很不显眼，但却是城市街景的调节器。它们能有效改变沿街立面的节奏，带来街景变化。有时候，细胞的外郭会出现退让，形成特别具有亲和力的微型街道广场，广场旁可以设置小型标志性建筑（图 4-38），为整个街区带来节奏和形态的变化。

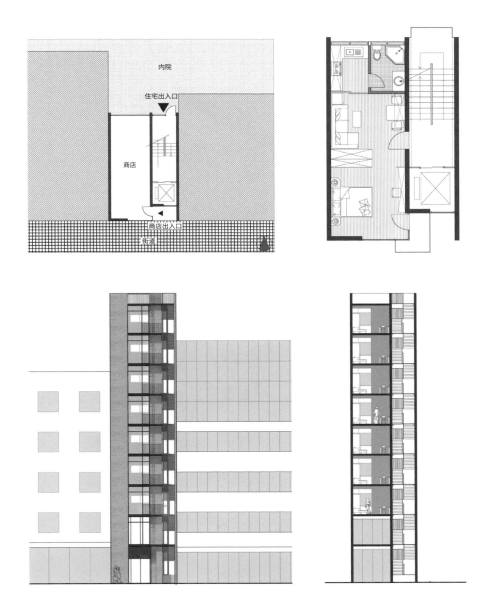

图 4-36 夹缝里的城市建筑

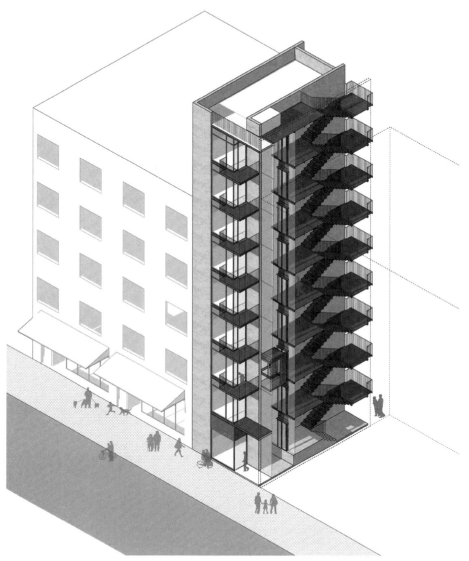

图 4-37 夹缝里的城市建筑轴测

图 4-38 城市细胞内的标志性建筑

图 4-39 "陆家嘴庭院" 提案的模型照片

陆家嘴庭院

4）陆家嘴庭院：多层级的都市生活（图 4-39）

提起庭院，我们马上会联想到中国的传统庭院（老北京的四合院），或者想到欧洲街坊内部的庭院（巴塞罗那塞尔达新城的街坊庭院）。这两种风格迥异的空间类型能否走到一起（图 4-40）？它们如何走到一起？它们走到一起后将获得什么样的空间品质？我们希望借助陆家嘴庭院来探讨这些课题。

陆家嘴庭院是一种有别于传统类型的城市细胞。它中西合璧，既吸收了欧洲传统街坊的周边式布局原则，又继承了中国传统庭院的内向性发展的空间特点。二者的结合能赋予陆家嘴庭院更丰富的空间层次。它的建构从欧洲的街坊逻辑出发，按照回应周边城市路网的原则用城市道路切分地块。在此基础上置入一套平行或垂直于世纪绿廊的步行街巷系统，与地块内的城市庭院共同构成步行网络。超高层建筑的周边被空出，形成超级城市广场。上述三种操作构成"广场—道路—街巷—庭院"复合系统，使陆家嘴庭院的公共空间成为多层级体系（图 4-41、图 4-42）。

步行街巷将既定的地块进行二次切分，让原本不大的地块变得更小，同时切分街坊的开口使陆家嘴庭院成为半开放式街坊，从而让街坊内的庭院获得城市性。庭院内部还置入一些混合功能建筑，进一步加强庭院的开放与共享品质。二次切分后的街坊尺度显得更小，与既有的大尺度元素形成鲜明对比（图 4-43—图 4-45）。

按照因地制宜的原则,陆家嘴庭院原则上分为两种类型:一种是通过周边式建筑布局将既有建筑(金茂大厦、上海中心、环球金融中心、吴昌硕纪念馆)转化成较大尺度的城市庭院;另一种是完全新建的尺度更小的城市细胞。二者构成尺度对话,进一步强化了核心区空间的多样性。

　　出于回应周围不规则城市路网的原因,陆家嘴庭院的城市细胞也呈现出不太规则的多边形形态。细胞与细胞之间是较窄的步行优先的城市道路,被细胞的外郭明确地定义。每个细胞至少有四个与步行街巷对应的开口,引向内部的城市庭院。庭院的周围是混合功能的小体量建筑,主要以办公、居住和文化休闲为主,使这些城市庭院充满活力。

　　城市细胞的建筑构成注重形态、尺度、功能的变化,目的是让核心区空间从外部街巷到内部庭院都丰富多彩,并具有弹性。建筑形态注重营造灰空间,使得原本清晰的空间轮廓变得有些模糊,从而促进空间的内外互动,并形成变化的空间体验(图4-46)。这些小型的灰空间尺度宜人,有利于空间层次的强化。

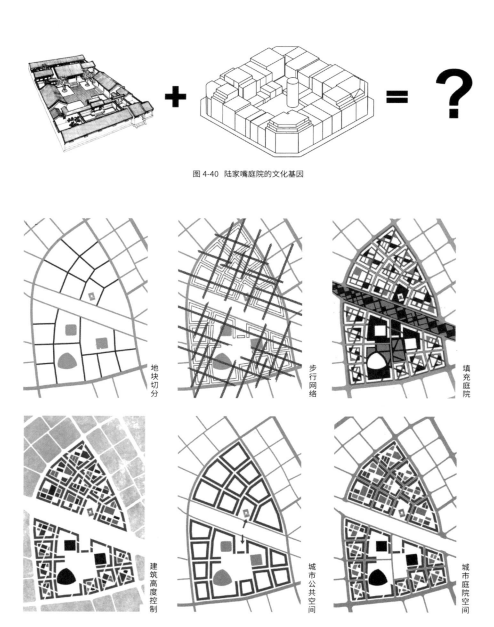

图 4-40　陆家嘴庭院的文化基因

图 4-41　陆家嘴庭院的系统生成机制

图 4-42 模型照片

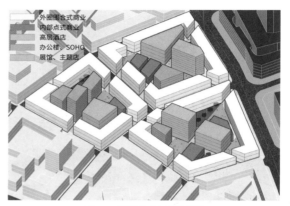

外圈围合式商业
内部点式商业
高层酒店
办公楼、SOHO
展馆、主题店

图 4-43 典型陆家嘴庭院组团轴测

图 4-44 典型陆家嘴庭院组团平面

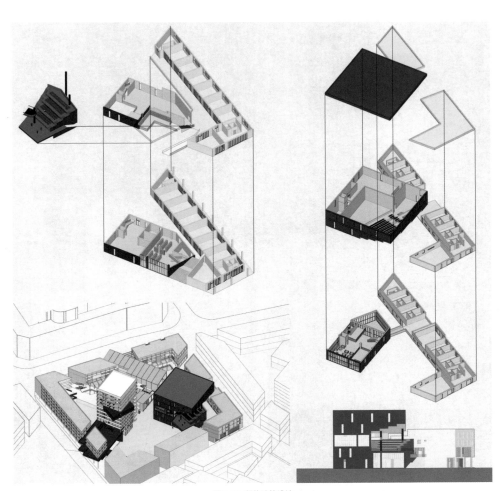

图 4-45 细胞建筑设计

图 4-46 陆家嘴庭院的街巷景象

4.4 总结：中国城市细胞的建构

毫无疑问，在我们今天的城市中，高密度的传统老城区是最有活力的区域。但为什么今天的城市无法建设得像过去的城市那样的高密度？

答案可能很简单：今天的规划与建筑法规都不允许！

问题又接踵而至：既然我们已经确认高密度的老城区品质更高，那我们为什么不修改规范呢？

这个简单的逻辑似乎被我们遗忘了！

运用四种不同类型的城市细胞，我们尝试了陆家嘴核心区的建构。四种策略尽管各有不同，但它们都围绕共同的价值诉求：营造活力核心、小尺度与多样性。陆家嘴芯片实则为行列式结构，采用一系列不同高度的标准条形小尺度建筑作为基本元素；陆家嘴创意村为点群式细胞，以小尺度建筑围绕微型公共空间形成群落组合，是开放式街坊的变形；陆家嘴网格为街坊式细胞，通过正交网格形成40米×100米的高密度街坊；陆家嘴庭院为街坊＋庭院，在周边式布局的街坊内部置入空间元素，形成具有内部子系统的半开放式街坊。按照内部构造，这四种城市细胞也可以分为两大类：一类细胞（芯片和创意村）内部没有子系统，建筑的任务是建构外部的城市公共空间；另一类（网格和庭院）则在营造外部城市空间的同时还提供内部的城市庭院，形成一种层级化的城市公共空间系统。因此，两类细胞对于公共空间的营造具有不同的意义（图4-47）。

陆家嘴芯片	陆家嘴创意村	陆家嘴网格	陆家嘴庭院
建筑密度: 37%	37%	52%	52%
路网密度: 22	22	21	22
容积率提升: 1.2	1.5	2.4	1.8
交叉口增加: 49	72	101	60
形态类型: 行列	点群	街坊	庭院

图 4-47 四种核心营造策略的对比

　　加密后的核心区在密度上接近欧洲传统城市。但两类不同的城市细胞显示出不同的技术数据。以陆家嘴绿地区域为例，建筑密度分别是 37%、37%、52% 和 52%。该密度为包括道路和其他开放空间面积的毛密度，如果仅计算地块内部的建筑密度，数值还将提高。容积率分别为 1.2、1.5、2.4 和 1.8；道路的交叉口数量分别为 49、72、101 和 60；路网密度则基本都提高至 22 左右。不同的类型学策略均能带来多样的城市空间，为功能的多样性组织打下基础。其中，陆家嘴网格和陆家嘴庭院展现了更明显的小尺度和多样性色彩。

　　1. 从空心到核心

　　陆家嘴核心的营造使陆家嘴乃至上海浦东赢得了一个能真正聚集人气的城市核心。这种改变是结构性的，拥有了内核的陆家嘴才能真正与浦西的老上海形成对话。这个核心不仅仅是通过高密、小尺度建筑的置入实现从空心到核心的空间转化，而且体现在由此带来的功能多样性的塑造潜力上。

　　实验完全遵从了现行的建筑规范，交通、间距、日照、消防都进行了谨慎的处理，结果是建筑的密度并没有达到传统城区的水准。两种城市肌理分析图（以陆家嘴庭院为例）可以清晰地展示这一现象。新核心甚至明显不及浦西外滩一带的密度，与老城厢差距更远。显然，我们的这次实验并没有能够挖掘出陆家嘴"再城市化"的潜力极限。如要继续加密，必须在两点上下功夫：探寻加密的极限，或者改变现行法规。为了我们高品质的城市未来，后者应该提上议事日程了。

2. 从单一到多样

让陆家嘴回归日常，就是从单一性向多样性的转型，这不仅要从空间上，还要从功能上进行改造。功能上，四个方案的共同特点都是将陆家嘴视作居住场所，增加文化、娱乐、酒店和商业等设施，从而促进功能的多样混合。而大量居住功能的介入是陆家嘴走向日常性的关键举措，它通过特定的城市细胞类型的置入，重塑城市空间系统，使陆家嘴完成空间模式的转型，成为一个高度集约、功能复合、形象鲜明的城市（区）中心。空间上，小尺度体系的介入，让陆家嘴的空间变得丰富。小尺度体系自身的多样性以及与既有大尺度元素的对比，更强化了多元空间的特点。

从理念上看，让陆家嘴 CBD 同时成为居住场所，这是实验中最具挑战性的思路，它甚至也是挑衅性的。它充满着反思与批判，因为陆家嘴当初就不是为日常而建的，这些高楼大厦是反映改革开放的决心和成就的标志，它们与日常生活无关。随着城市精细化建设时代的到来，高品质日常生活空间成为人们追求的目标，因此，对过去粗放型建设成果的修正成为必然。核心营造的目标并不是以日常性取代标志性，而是在延续陆家嘴的标志性价值的同时增添多样性。

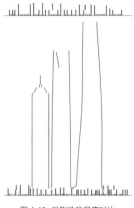

图 4-48 戏剧性的尺度对比

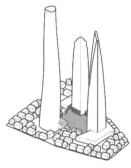

图 4-49 两种尺度的共存

3. 从大到小

陆家嘴核心的建构基于小尺度体系的置入,它极大地压缩了空间的尺度。在街坊和建筑数量增加的同时,建筑单元的体量则在下降,空间在变小。四个方案都将新置入建筑的高度限制在 24 米,通过加入数量众多的小尺度建筑对"空地"进行重新营造。这种改变发生在接近地面的空间,是和人的日常活动联系最密切的区域,近人空间的尺度因而得到大幅压缩。

大尺度的既有体系和新置入的小尺度体系的对话是戏剧性的,这一对话实现了空间尺度从大到小的转型,也同时为功能单元从大到小的转换奠定了基础(图 4-48、图 4-49)。两种体系可以相安无事,和谐共处,表达着各自的价值诉求。这也是两把比例尺的混合体系的奇妙之处。

4. 从现代回到传统

陆家嘴庭院和陆家嘴创意村均提出了一种具有内部子系统的半开放或开放式街坊。陆家嘴庭院的周边式多层建筑被切分,局部留出空隙作为进入街坊内部庭院的开口,街坊内部建筑也可从界面打断处进入,形成有别于城市街道的城市庭院。通过散布式的建筑，陆家嘴创意村建构了一种具有向心力的村落式组团单元，形成一个开放式的城市庭院（或村落广场）。两个方案都构成了"广场—道路—街巷—庭院"的公共空间体系，提供空间的多样性和层级性。在功能上，城市细胞中多样的建筑形态适合不同类型的居住功能，以及商业、办公、SOHO和各类公共设施，从而提升功能的多样性。

图 4-50　陆家嘴庭院：具有内部子系统的半开放式街坊

　　传承和发扬中国空间文化，这是精细化时代城市建设的另一个重大挑战。上述两种城市细胞的实践，没有简单地从中国传统庭院空间的形式特征入手思考问题，而是从传统空间类型的构成机制及其价值入手，抽象出类型的基本属性，然后在形态上进行开放性的探索（图 4-50、图4-51）。摆脱了形式的束缚，这种兼具城市、半城市、邻里以及私人领域的多层级的复合型街坊可以被看作是中国传统空间文化的延续。它通过内部开放的子系统重新诠释和发展了中国空间文化的内向型特征，又通过周边式的布局继承了西方街坊的外向性特征。二者的结合，从中可以发展出一种具有空间文化基因，又适应当代城市生活的新型城市细胞类型。

图 4-51　陆家嘴创意村：具有内部子系统的开放式街坊

5 结论
中国新城的未来

5.1 以陆家嘴为起点，反思我们的"城市梦"

现代化，是中国改革开放的奋斗目标。它在城市建设领域被普遍理解为宽阔的马路和高楼大厦。

欧洲也曾经被美国的现代化城市风貌所震撼，人们拆掉历史建筑，拓宽街道，修建高楼，并且相信自己的城市可以因此走向现代化。然而，人文主义传统和理性思维让欧洲人在第二次世界大战后极快地做出了修正，让城市幸免于由新建设造成的对既有建成环境的破坏，也由此在城市中保留了人们引以为豪的文化。第二次世界大战后的美国也出现了新城市主义思潮，学者和民众一起热烈谈论如何在新的建设中延续传统空间结构及其承载的文化意义，这是对西方传统城市理想和价值的回归。

20 世纪 80 年代末期以后，当我们开始全面追求代表现代化的城市形式的时候，西方人已开始反思了——至少，对"宽阔的马路与高楼大厦"这样的形式寄予的热情已经消退，取而代之的是回归街区建设、采用低层高密度的形式，排除机动车的影响，鼓励步行和公共活动，这些已经成为彼时欧美城市规划建设的主流。而在这个时候，我们却如"补课"一般，追赶着 100 年前的纽约和芝加哥的形象，一面修建高楼大厦，一面糅合进我们对汽车和宽阔公路的偏爱，将陆家嘴作为城市建设的第一个样板，供全国学习。

于是，我们邀请国际建筑大师来提出一些并不怎么"城市化"的方案（这更像是他们的个人宣言），再满怀信心和热情地将些方案修正成更符合中国人对现代化理解的、我们的心目中的更"市场化"和"可行"的样子。历经二十年，建设了那么多令人赞叹的标志性的现代化高楼。

但是，充满活力的、宜人亲切的、多样而丰富的现代化城市空间，并没有出现。

也可以这么说，"公共性"以及承载公共性的"公共空间"，在今天的城市建设中应该成为一个受重视的对象。从某种程度上看，中国城市建设更像是一场大规模的房地产开发的盛宴。城市被切割成符合市场需求的建设用地，再根据各种指标把作为商品的房子放进地块，而地块与地块之间的街道和广场就自然而然地被忽略了。城市到底是一群建筑的简单集合，还是以建筑为基地、服务人们的日常生活的公共空间为中心的系统？这在以卡米洛·西特起始、一大批西方学者为继的学术大讨论中，是早有定论的话题了。城市之所以成为城市，就在于它为多样化的人群和活动提供空间。而在陆家嘴，以及在很多中国的中央商务区新城，城市空间的建构逻辑都颠倒了。只见高楼，不见城市，这就是中国很多城市的通病。

总结起来，我们认为以陆家嘴为代表的中国新城，有如下三个特征是我们必须加以深刻反思的：

第一，建筑取代了空间。这是价值观的问题，也是认识论的问题。图底的颠倒，其结果是人的活动无处可去，何谈"以人为本"？

第二，高度取代了密度。密度的缺乏，带来土地的低效利用，也是空间品质低的深层原因。

第三，单一取代了多样。功能、人群的单一，带来乏味和陌生的城市氛围。空间的单一更加加剧了这种意象。

5.2 陆家嘴成为新城 "再城市化" 的样本

很多人说，陆家嘴已经建成。

但是对我们来说，陆家嘴才刚刚起步。陆家嘴仍有机会优化和转型。一定还有机会作为新城 "再城市化" 的样板进入城市设计教科书，因为这个 "半成品" 的未来发展有机会为当代中国新城的普遍问题提供类型学参考。

今天中国的城市普遍进入了精细化建设阶段，其核心任务就是通过更精细的设计和管理提升空间品质。城市更新成为精细化建设的主要战场，观念必须被转变：今天的城市更新不能只关注旧城，新城更值得关注。因为当代中国新城是国家改革开放的成果，是一个伟大时代的见证，它们值得有一个更加美好的未来。让城市具有城市性，就是再经历一次真正的 "城市化" 过程，让它回归城市的本来面目，让这个城市的 "半成品" 获得空间，获得活力，真正拥有多样性，并能够可持续地发展。中国新城的 "再城市化" 是迫切的。

新城 "再城市化" 的现实性在于，它是大量的、普遍的，因而也是潜力极大的，它将极大地改变中国城市的面貌，也将改变城市人的生存状态。它的核心在于 "以人为本"，翻译成城市的语言，那就是 "以公共空间为本"：让建筑成为公共空间的建构者，而不是空间里的标志物，从而彻底改变新城的空间结构。

新城 "再城市化"，不妨就从陆家嘴开始吧，因为它最有名，也最典型。我们可以乐观地相信，陆家嘴这个当代中国梦的样板，将会获得真正的品质和内涵。

5.3 愿景和目标

我们认为，一个更好的陆家嘴，应该具备如下的特质:

一、容纳多样的产业类型。因为，金融的产业在地理上的集聚已经不再是必需。而多样的、创新的、富有活力的、小型化的产业才是未来经济发展的中心，它们将结成集群，为城区带来极客[1]、工程师、设计师、艺术家，让伟大的创意在这里诞生。只有大师和大想法，才能为这个城区加冕。

二、容纳多样化的城市功能。因为，既然陆家嘴代表了我们的时代，它就不应只是一座办公城和夜间的死城，而应是一座活力之城、艺术之城、生态之城和文化之城。

三、极高的密度。因为，密度是城市空间，空间的宜人形态和尺度都是通过密度来建构的；密度是城市活力，没有一个富有活力的城区是低密度的；密度就是多样性，空间和功能的丰富性离不开建筑密度的支撑；密度代表生态观，高密度的城市才是生态型城市的唯一选择。

四、充满日常生活的场所。因为，"以人为本"就要为人提供空间，让不同的人在这里相聚，在这里安居乐业。

从陆家嘴再造出发，通向的是所有的中国新城，也通向一个更美好的城市化图景。我们展望一个更美好的未来，并坚定我们的决心和脚步。

---

1 极客（Geek）是一群以创新、技术和时尚为生命意义的人，热衷于在互联网时代以新技术为媒介创造新的商业模式、产品和时尚。

参考文献

[1] 巴内翰，卡斯泰，德保勒 . 城市街区的解体：从奥斯曼到勒·柯布西耶 [M]. 魏羽力，许昊，译 . 北京：中国建筑工业出版社，2012.

[2] PONT M B, HAUPT P. Spacemate: the spatial logic of urban density[M]. Delft: Delft University Press, 2004.

[3] 蔡永洁，许凯，张溱，等 . 新城改造中的城市细胞修补术——陆家嘴再城市化的教学实验 [J]. 城市设计，2018(1)：64-73.

[4] 蔡永洁 . 从建筑的类型到空间的类型——城市空间作为历史传承的载体 [J]. 建筑遗产，2020(3)：1-9.

[5] 蔡永洁，满姗，史清俊 . 从三个时期城市细胞的建构看中国城市空间文化特质 [J]. 时代建筑，2021(1)：70-75.

[6] CANIGGIA G, MAFFEI G L. Architectural composition and building typology: interpreting basic building[M]. Firenze: Alinea editrice, 2001.

[7] CATALDI G. From muratori to caniggia: the origins and development of the Italian school of design typology[J]. Urban Morphology, 2003, 7(1): 19-34.

[8] KLEIHUES J P, KLOTZ H, BURG A, et al. Internationale Bauausstellung. Berlin 1987[M]. Stuttgart: Klett-Cotta, 1986.

[9] 库德斯 . 城市结构与城市造型设计（原著第 2 版）[M]. 秦洛峰，蔡永洁，魏薇，译 . 北京：中国建筑工业出版社，2007.

[10] KRIER L. Rational architecture: the reconstruction of the European city[M]. Bruxelles: Archives, 1978.

[11] 克里尔 L. 社会建筑 [M]. 胡凯，胡明，译 . 北京：中国建筑工业出版社，2011.

[12] KRIER R. Stadtraum in Theorie und Praxis: An Beispielen der Innenstadt Stuttgart[M]. Stuttgart: Karl Krämer, 1975.

[13] 克里尔 R. 城镇空间：传统城市主义的当代诠释 [M]. 金秋野，王又佳，译 . 南京：江苏科学技术出版社，2016.

[14] 李晓东，杨茳善 . 中国空间 [M]. 北京：中国建筑工业出版社，2007.

[15] 尼跃红 . 北京胡同四合院类型学研究 [M]. 北京：中国建筑工业出版社，2009.

[16] 罗西 . 城市建筑学 [M]. 黄士钧，译 . 北京：中国建筑工业出版社，2006.

[17] Arnell P, Bickford T, Aldo Rossi: buildings and projects[M]. New York: Rizzoli International Publications, 1985.

[18] SHA Yongjie, WU Jiang, JI Yan, et al. Shanghai urbanism at the medium scale[M]. Berlin: Springer Geography, 2014.

[19] 沈克宁 . 建筑类型学与城市形态学 [M]. 北京：中国建筑工业出版社，2010.

[20] 田银生，谷凯，陶伟，等 . 城市形态学、建筑类型学与转型中的城市 [M]. 北京：科学出版社，2014.

[21] 特兰西克 . 寻找失落空间——城市设计的理论 [M]. 朱子瑜，等译 . 北京：中国建筑工业出版社，2008.

[22] 童明 . 当代中国城市设计读本 [M]. 北京：中国建筑工业出版社，2015.

[23] UNGERS O M, KOOLHAAS R, RIEMANN P, et al. Die Stadt in der Stadt—Berlin: ein grünes Archipel[M]. Zürich: Lars Müller Publishers, 2013.

[24] Ungers O M. Works and projects 1991-1998[M]. Stuttgart: Deutsche Verlags-Anstalt, 1998.

[25] UYTENHAAK R. Cities full of space: qualities of density[M]. Rotterdam: 010 Publishers, 2008.

[26] 朱文一 . 空间·符号·城市：一种城市设计理论 [M]. 北京：中国建筑工业出版社，2010.

图片来源

作者拍摄

P2 上海浦东陆家嘴、图 1-6、图 1-7、图 2-8、图 3-6、图 3-9、图 3-10、图 3-14、图 3-15、图 3-30、图 3-31、图 3-44、图 3-45、图 3-51、图 3-52、图 3-55、图 3-56、图 3-61、图 3-65—图 3-67、图 3-72、图 3-77、图 4-16、图 4-18、图 4-23、图 4-26、图 4-29、图 4-33、图 4-42

作者绘制

封面图片、图 2-9a—图 2-11、图 4-3、图 4-4

作者改绘

图 1-1—图 1-5

研究团队拍摄、绘制

P8-9 研究团队、图 3-2a—图 3-5、图 3-7、图 3-8、图 3-11—图 3-13、图 3-16—图 3-29、图 3-32—图 3-39、图 3-41—图 3-43、图 3-46—图 3-50、图 3-53、图 3-54、图 3-57—图 3-59、图 3-62—图 3-64、图 3-68—图 3-71、图 3-73—图 3-76、图 4-1、图 4-2、图 4-5、图 4-6、图 4-10—图 4-15、图 4-17、图 4-19—图 4-22、图 4-24、图 4-25、图 4-27、图 4-28、图 4-30—图 4-32、图 4-34—图 4-41、图 4-43—图 4-51

其他

图 2-1 考夫卡, 科恩 . 柏林建筑 [M]. 张建华, 杨丽杰, 译 . 沈阳: 辽宁科学技术出版社, 2001: 108.

图 2-2 克里尔 L. 社会建筑 [M]. 胡凯, 胡明, 译 . 北京: 中国建筑工业出版社, 2011: 28.

图 2-3 Arnell P, Bickford T, Aldo Rossi: buildings and projects[M]. New York: Rizzoli International Publications, 1985: 63.

图 2-4 www.stadtentwicklung.berlin.de

图 2-5 http://www.ottowagner.com

图 2-6、图 2-7 Ungers O M. Works and projects 1991—1998[M]. Stuttgart: Deutsche Verlags-Anstalt, 1998: 86.

图 2-12、图 3-1、图 3-40、图 3-60 https://unplash.com

图 4-7、图 4-8、图 4-9 上海陆家嘴（集团）有限公司, 上海市规划和国土资源管理局 . 梦缘陆家嘴（1990—2015）第一分册 总体规划 [M]. 北京: 中国建筑工业出版社, 2015: 72, 91, 121.

后记

20 世纪 90 年代初，我还在德国读硕士，曾不止一次听到德国教授评论说 "中国的城市没有空间"（Die chinesischen Städte haben keinen Raum）。

当时的我听不懂教授的意思，觉得中国人修建了那么多高楼和马路，为什么说没有空间呢？

时间过去近三十年了，重提这个话题感触颇多。如果将城市空间定义为市民日常生活所需要的公共空间，今天的我理解出两层含义：

首先，城市空间不是中国城市的传统。由于长期的封建皇权统治，中国的城市发展出一种内向性的空间文化。从早期的闾里制开始，中国人的空间观念就与家庭生活紧密联系在了一起，并且在两千多年的历史中基本没有发生过本质的变化。在传统的中国城市，空间营造的核心是那个属于个人或家庭的内部庭院，而城市公共空间的营造被忽略了。如果对照西方以城市广场为核心营造的城市空间体系，中国的城市传统就尤其显得缺乏空间性，这种解释是社会学的。

其次，当代中国的城市建设缺少对城市空间的关注。改革开放带动了中国城市建设的迅猛发展，大规模的旧城更新与新城建设彻底改变了中国城市的面貌。这一城市化进程展现出一种对速度和效率的无限追求，采取了一种简单高效的建设模式，那就是通过城市规划进行控制的建设。我们建造了大量相互独立、缺少关联的建筑，直接导致了建筑的外部空间，即城市空间的失落。放弃了建筑与建筑之间的关系建构，也就放弃了城市空间的建构。无论对照中国的还是西方的城市传统，当代中国的城市都尤其显得缺乏空间性，这种解释是建筑学的。

显然，中国城市空间性的不足与中国社会不断走向开放的社会生活需求不相匹配。基于这样的认识，我们选择了陆家嘴这个当代中国城市建设的典型案例进行讨论。我们试图探寻当代中国城市在空间品质提升方面的潜力，核心问题落实到城市空间的建构上，而这恰恰是城市设计的关键所在。

最后，衷心感谢激励和帮助这本书问世的人和机构。首先要感谢郑时龄院士，他不仅为此书作序，还为出版基金申请写了推荐信；同样感谢上海交通大学院昕院长为出版基金申请写推荐信；特别感谢同济大学出版社的江岱老师，她一贯支持着我们，感谢出版社的孙彬编辑；还要感谢我们毕业设计课题组的两届同学，他们辛勤工作的成果是此书的重要基础。最后，感谢同济大学，学术专著出版基金的支持保证了此书的顺利问世。

蔡永洁

2021 年 5 月于上海

图书在版编目（CIP）数据

再造陆家嘴 / 蔡永洁，许凯著 . -- 上海 : 同济大
学出版社 , 2021.8
ISBN 978-7-5608-6532-4

Ⅰ . ①再… Ⅱ . ①蔡… ②许… Ⅲ . ①城市规划—建
筑设计—研究—上海 Ⅳ . ① TU984.251

中国版本图书馆 CIP 数据核字 (2021) 第 128460 号

"同济大学学术专著（自然科学类）出版基金"资助项目
中央高校基本科研业务费专项资金资助

再造陆家嘴

蔡永洁 许凯 著

出品人：华春荣
责任编辑：孙彬
责任校对：徐逢乔
封面设计：蔡永洁 许凯
装帧设计：钱如潺

出版发行：同济大学出版社
地址：上海市杨浦区四平路 1239 号
电话：021-65985622
邮政编码：200092
网址：www.tongjipress.com.cn
经销：全国各地新华书店
印刷：上海安枫印务有限公司
开本：710mm×960mm 1/16
字数：290 000
印张：14.5
版次：2021 年 8 月第 1 版 2021 年 8 月第 1 次印刷
书号：ISBN 978-7-5608-6532-4
定价：128.00 元